Natalie Knapp

Der Quantensprung des Denkens

Was wir von der modernen Physik lernen können

Rowohlt Taschenbuch Verlag

2. Auflage Oktober 2011

Veröffentlicht im Rowohlt Taschenbuch Verlag,

Reinbek bei Hamburg, Mai 2011

Die Originalausgabe erschien 2008 unter dem Titel

«anders denken lernen».

Copyright © 2008 by Oneness Center Publishing, Bern

Umschlaggestaltung ZERO Werbeagentur, München

(Abbildung: © FinePic, München)

Satz aus der Garth Graphic PostScript (Miles Oasys) bei

Pagina GmbH, Tübingen

Druck und Bindung Druckerei C. H. Beck, Nördlingen

Printed in Germany

ISBN 978 3 499 62696 8

Inhalt

Vorwort

«Sie können den ganzen Newton aus jedem Deutschlehrer, aus jeder Börsenmaklerin und jeder Gärtnerin herausfragen, weil er uns allen in den Knochen sitzt», sagte mal ein Physikprofessor zu mir.

Wie hat er das gemeint? Warum tragen wir alle Isaac Newton, den großen Physiker der Neuzeit, mit uns herum, selbst wenn wir noch nie seinen Namen gehört haben? Warum kennen wir seine Gesetze auch dann, wenn wir im Physikunterricht eine Niete waren? Und warum halten wir in unserem Alltag an diesen Regeln fest, obwohl die Wissenschaft längst darüber hinausgewachsen ist?

«Der Quantensprung des Denkens» wird auf diese Fragen eine Antwort geben. Nach der Lektüre werden Sie wissen, welche Gesetze unbewusst Ihr Denken und damit auch Ihr Leben bestimmen. Es wird Ihnen leichter fallen, diese Regeln zu verändern. Denn Sie sind in den Möglichkeiten der Lebensgestaltung sehr viel freier, als Ihnen derzeit bewusst ist. Sie müssen sich nur darüber klar werden, dass Ihnen die Natur mit dem Verstand ein wunderbares Organ mitgegeben hat. Bei jedem von uns ist es auf einzigartige Weise ausgebildet, und seine Fähigkeiten sind vielfältiger, als Sie bislang ahnen.

Dieses Buch soll Ihnen dabei helfen, sich von ein paar überholten Denkregeln zu befreien und mit neuen Möglichkeiten des Denkens vertraut zu werden. Es wird Ihnen zeigen, was Sie eigentlich tun, wenn Sie denken, und wie Sie das auch anders tun können.

Und ganz nebenbei erhalten Sie eine Einführung in die Quantenphysik, die auch all jene verstehen werden, für die Physik bislang ein Buch mit sieben Siegeln war.

The world is the space between memory and possibility, the physical trace of an idea, without thought it cannot exist.

Die Welt ist der Raum zwischen Erinnerung und Möglichkeit, die physische Spur einer Idee. Ohne unser Bewusstsein kann sie nicht existieren.

(Kogi-Weisheit)

Einleitung

«Die Menschheit hat bereits viele schwierige Situationen überstanden und immer ist es ihr gelungen, diese Krisen erfolgreich zu nutzen. Oft schon sind durch eine drohende Gefahr Ahnungen und Geheimnisse im Herzen der Menschen erwacht, die dabei helfen konnten, die Not zu wenden.»

LOUIS DE BROGLIE, NOBELPREISTRÄGER PHYSIK

Die schlechte Nachricht finden Sie täglich in allen Zeitungen: Unsere Welt ist in einem verheerenden Zustand. Die gute Nachricht ist: Sie können etwas tun. Etwas, das die Welt, in der wir leben, wirklich verändern kann. Sie brauchen dafür nicht mehr als Ihre Aufmerksamkeit!

Wir haben gelernt, auf eine ganz bestimmte Art zu denken. Mit dieser Art des Denkens strukturieren wir unseren Alltag, betreiben Wissenschaft, Wirtschaft und Politik. Sie ist für uns wie eine zweite Haut geworden, die wir schon so lange tragen, dass wir sie gar nicht mehr bemerken. Über viele Jahrhunderte hat sie uns gedient und geschützt, doch inzwischen sind wir herausgewachsen. Unsere Denkstrukturen sind zu eng geworden. Die Probleme, die unsere Gesellschaft heute begleiten und die uns derzeit unlösbar scheinen, sind eine Folge dieses Prozesses. Um diese Probleme lösen zu können, müssen wir die verbrauchte Haut unserer Denkstrukturen abstreifen. Denn darunter erwartet uns schon längst eine neue Membran.

Die Evolution fordert von der Natur seit Milliarden von Jahren solche Veränderungen, doch zum ersten Mal scheint es, als könnten wir Menschen uns bewusst daran beteiligen. Es liegt an uns, ob unsere Erde die Möglichkeit erhält, sich zu erholen und ob wir Formen des Zusammenlebens finden, die uns auch in Zukunft tragen werden: ökologisch, politisch, wirtschaftlich, gesundheitlich und sozial.

Wer glaubt im 21. Jahrhundert noch, die Erde sei eine Scheibe und habe ihren Platz im Mittelpunkt des Universums? Diese Vorstellung haben wir mit dem Denkgebäude des Mittelalters hinter uns gelassen.

Die Denkstrukturen, die uns heute zur Verfügung stehen, sind im 16. und 17. Jahrhundert entstanden. Sie orientieren sich an den Erkenntnissen der Physik. Die Physik war seither die Wissenschaft, die unser Leben am nachhaltigsten geprägt hat. Auf materieller Ebene, indem sie das Fundament für die Entwicklung der Technik gelegt hat, auf geistiger Ebene, indem sie unser Bild von der Realität geformt hat.

Mit der Entdeckung der Quantenphysik zu Beginn des 20. Jahrhunderts hätte eine Erweiterung unserer Denkstrukturen einhergehen müssen, eine Evolution unseres Denkens. Dies ist bis heute nicht erfolgt. Unser Weltbild wird noch immer von physikalischen Grundpfeilern gestützt, die längst überholt sind. Wir leben geistig in einer Welt, die es schon lange nicht mehr gibt. Kein Wunder also, dass sie auch physisch langsam auseinanderfällt. Doch die Erkenntnisse der Quantenphysik können uns helfen, die alten Denkstrukturen aufzubrechen. Die Grundlagen für eine Erneuerung unseres Weltbildes stehen uns bereits zur Verfügung. Wir müssen uns lediglich die Freiheit nehmen, sie anzuerkennen.

In der Kernphysik gibt es den Begriff der «kritischen Masse». Wenn eine bestimmte Masse an spaltbarem Material zur Verfügung steht, kann die Kettenreaktion einer Kernspaltung ausgelöst werden. Unterhalb dieser Masse geschieht gar nichts, doch sobald sie überschritten wird, entsteht eine Kettenreaktion und ein enormes energetisches Potenzial wird freigesetzt. Ähnliche Phänomene kann man auch in der Wirtschaft und in vielen anderen Lebensbereichen beobachten. Sobald sich eine bestimmte Menge von Menschen für die Nutzung einer Technologie entscheidet, gibt es eine Kettenreaktion und innerhalb kürzester Zeit ist diese Technologie aus unserem Leben nicht mehr wegzudenken. Das beste Beispiel ist das Internet: Es hat sich in den ersten Jahren sehr langsam verbreitet und war dann schlagartig auch im hintersten Winkel der Welt verfügbar. In den USA entsteht nach diesem Prinzip gerade ein neues Umweltbewusstsein. Die Anzahl von Bürgerstiftungen steigt sprunghaft, weltweit engagieren sich immer mehr Menschen für regionale Anliegen.

Woran liegt das? Ganz einfach daran, dass wir nicht nur unseren Planeten, sondern vielfach auch unsere Kultur und unsere Art zu denken miteinander teilen. Wir schöpfen aus einem gemeinsamen kreativen Potenzial und wir verfügen über ein kollektives Bewusstsein. Sobald eine bestimmte Anzahl von Menschen neue Möglichkeiten zu denken entwickelt, stehen sie wie bei einer Kettenreaktion bald schon allen zur Verfügung. Es kommt nicht darauf an, wer letztlich den entscheidenden Lösungsvorschlag für eines unserer Probleme hat. Wichtig ist, dass wir gemeinsam die Art des Denkens bereitstellen, die für die Entdeckung einer Idee benötigt wird.

Dieses Buch geht der Frage nach, wie wir unser Denken

beweglicher gestalten können. Wie können wir Formen des Denkens erlernen, die der Welt, in der wir leben, gerecht werden? Wie schaffen wir eine Atmosphäre, in der unser gemeinsames Denkpotenzial kreativ wirksam werden kann? Wie können wir lernen, dieses Potenzial zu nutzen und den Veränderungen, die uns bevorstehen, mit Offenheit anstatt mit Angst zu begegnen? Wie können wir gemeinsam einen globalen Bewusstseinswandel vollziehen?

Um auf diese Fragen Antworten zu finden, müssen wir zunächst verstehen, wie unser Denken die Welt, in der wir leben, beeinflusst. Was verstehen wir unter «Wirklichkeit»? Was ist ein Weltbild? Und was tun wir eigentlich, wenn wir denken?

Die Quantenphysik spielt dabei eine Schlüsselrolle. Sie bildet eine Brücke von den modernen Naturwissenschaften zu einem Weltbild, das lebendigere Formen des Denkens einschließt. Die Auseinandersetzung mit der Quantenphysik ermöglicht uns, diese Brücke zu überschreiten.

Wenn wir das enge Korsett unseres alten Weltbildes abstreifen, beginnen wir, freier zu denken. Wir werden neue Begriffe von Welt, Wahrheit und Wirklichkeit kennen lernen. Wir werden erfahren, wie Geist und Materie ineinander greifen. Sobald wir unserer lebendigen Welt lebendig denkend begegnen können, werden sich auch die ersehnten Lösungsmöglichkeiten zeigen, für uns selbst und für die Welt, in der wir leben.

Es ist leichter, als Sie (jetzt) denken. Fangen wir an.

1
Grundbegriffe verstehen

> «Je mehr eine Kultur begreift, dass ihr aktuelles Weltbild eine Fiktion ist,
> desto höher ist ihr wissenschaftliches Niveau.»
>
> **ALBERT EINSTEIN**

Was ist Wirklichkeit?

Seit Isaac Newton im 17. Jahrhundert die Methode der neuzeitlichen Naturwissenschaft etabliert hat, haben wir eine einfache Formel für das, was wir für wirklich halten: Wirklich ist,
was messbar ist. Denn nur wenn etwas messbar ist – so glauben wir –, können wir sicher sein, dass es auch außerhalb unserer Vorstellungskraft existiert. Vor Newton waren die meisten
Philosophen und Naturwissenschaftler ganz anderer Ansicht.[*]
Wenn sie wissen wollten, wie die Wirklichkeit beschaffen war,
suchten sie in ihrem Geist nach Antworten. Sie erforschten die
Gesetze der Natur allein durch ihr Denken. So hat beispielsweise Demokrit bereits vor zweitausend Jahren eine Theorie
der Atome entwickelt. Er versuchte erst gar nicht, ein hoch-

---

[*] Es gab auch vor Newton vereinzelt Wissenschaftler,
die versuchten, ihre Ideen durch exakte Beobach-
tungsreihen und Experimente zu belegen, wie z. B.
Galilei, aber erst durch Newton wurde diese Methode zur Grundlage der Naturwissenschaften.

auflösendes Mikroskop zu entwickeln, um die Atome sichtbar zu machen und seine Theorie zu beweisen. Niemand kam auf die Idee, die so gefundenen Naturgesetze durch Experimente zu überprüfen und exakt nachzumessen, ob es sich auch wirklich so verhält. Was diese Wissenschaftler denkend entwickelt hatten, erschien ihnen wesentlich realer als jedes Experiment. Und zwar nicht deshalb, weil sie ihre Fähigkeiten überschätzten, sondern weil die Sphäre des Denkens für sie wirklicher war als die der Materie, weil die unvergängliche Welt des Geistes der vergänglichen Welt der Materie bei weitem überlegen war. Aus heutiger Perspektive erscheint das völlig absurd, aber diese Auffassung hatte eine lange Tradition. Für viele große Denker war sie so selbstverständlich wie unser Glaube an die Forschungsergebnisse der Naturwissenschaften.

Als ich als Teenager zum ersten Mal mit dem Denken Platons in Kontakt kam, schien es mir erstaunlich, dass es tatsächlich jemanden gab, für den die Idee eines Tisches realer war als der Tisch selbst, die Idee der Freiheit realer als eine konkrete Erfahrung. Wenn ich damals überhaupt so etwas wie Stufen von Realität erkennen konnte, dann war eine Idee als bloße Möglichkeit auf jeden Fall weniger real als die konkrete materielle Wirklichkeit eines Objektes oder einer physischen Erfahrung. Mir so etwas wie ein Reich der Ideen vorzustellen, erschien mir ungefähr so sinnvoll wie das Reich der griechischen Götter auf der Spitze des Olymp. Die naturwissenschaftliche Definition der Wirklichkeit war für mich so selbstverständlich, dass ich gar nicht auf die Idee gekommen wäre, sie infrage zu stellen. Wirklich war, was messbar war, und jeder, der etwas anderes glaubte, war schlicht und einfach nicht auf der Höhe der Zeit.

Was ist ein Weltbild?

Ob wir die Welt des Geistes oder die Welt der Materie zur Grundlage unseres Lebens erklären, ist eine Frage des Weltbildes. Das eigene Weltbild zu erfassen, ist allerdings äußerst schwierig, da es all das umfasst, was wir für selbstverständlich halten und niemals wirklich infrage stellen. Es ist die Grundlage unseres Denkens, Handelns und Fühlens.

Als Kind bat ich meinen Großvater, mir von den ersten Menschen zu berichten. Er erzählte mir von Adam und Eva. Eigentlich hatte ich die Geschichte vom Neandertaler erwartet. Ich konnte es nicht fassen, dass er so alt geworden war, ohne jemals vom Urknall und der Evolution gehört zu haben. Er tat mir leid, und ich war sicher, dass er einfach nur schlecht informiert war. Um ihm die Peinlichkeit zu ersparen, habe ich ihn damals nicht aufgeklärt. Erst viel später wurde mir klar, dass in seinem Weltbild verschiedene Realitäten nebeneinander Platz hatten: die Tatsachen der naturwissenschaftlichen Forschung und die Wahrheit der Religion. Wobei die Geschichte von Adam und Eva ohne Zweifel an erster Stelle stand.

Meine kindliche Reaktion macht eine der Eigenheiten des naturwissenschaftlichen Weltbildes deutlich: Was sich außerhalb unseres Weltbildes befindet, deklarieren wir meistens als Mangel an Information und Bildung. Wir können es allenfalls als sonderbare Eigenart tolerieren, nicht aber verstehen. Unser Weltbild bestimmt und begrenzt unsere Wahrnehmungsfähigkeit. Es wird uns von unseren Eltern und Lehrern vermittelt und ist als Teil der Zeit und der Kultur, in der wir leben, auch ein kollektives Gebilde.

Wie bei meinem Großvater gibt es allerdings die Möglichkeit, dass sich verschiedene Weltbilder überlagern, denen unterschiedliche Formen der Wahrnehmung und des Denkens zugrunde liegen. Auch mein Großvater glaubte an die Naturgesetze, auch er war überzeugt davon, dass seine Kinder im Bauch seiner Frau entstanden und herangewachsen waren. Für ihn waren sie trotzdem zuallererst ein Geschenk Gottes und er machte sich gar nicht erst die Mühe, diese beiden Tatsachen miteinander in eine logische Verbindung zu bringen. Sie gehörten zu unterschiedlichen Welten, denen unterschiedliche Formen des Denkens zugrunde lagen. Das logische Denken gehörte lediglich zur Welt der Naturwissenschaft und hatte in der Welt seines christlichen Glaubens nichts zu suchen.[*]

Sich dort zurechtzufinden, erforderte eine ganz andere Form der Wahrnehmung. Diese Form der Wahrnehmung war bei mir nicht ausgebildet, für ihn war sie jedoch ebenso selbstverständlich wie das logische Denken. Ich bin mir sicher, dass mein Großvater sich nicht bewusst in verschiedenen Welten bewegte und verschiedene Formen der Wahrnehmung ein- oder ausschaltete. Für ihn war das ein natürlicher Vorgang, er hatte gelernt, sich in beiden Welten zurechtzufinden.

Jeder Mensch entwickelt aus individuellen und kollektiven Elementen einen eigenen Organismus des Denkens und der Wahrnehmung. Zwar sind wir meist in der Lage, die Inhalte

---

[*] Vor dem Beginn des neuzeitlich naturwissenschaftlichen Zeitalters war das logische Denken sehr wohl ein Mittel, um sich in der Welt des Glaubens zurechtzufinden. Das Weltbild dieser Zeit war jedoch vom Weltbild meines Großvaters genauso weit entfernt wie das Weltbild der alten Griechen. Nicht jeder Form des Glaubens liegen dieselben Wahrnehmungsfunktionen zugrunde.

verschiedener Weltbilder zu unterscheiden: philosophische, politische oder religiöse Überzeugungen. Den individuellen Organismus des Denkens und der Wahrnehmung, der diese Inhalte formt, können wir meistens nicht erkennen. Es fällt uns nicht schwer zu sehen, wie sehr sich die Körper der Menschen voneinander unterscheiden. Beim Denken gehen wir jedoch immer noch davon aus, dass es sich um ein und dasselbe Prinzip handelt, lediglich mehr oder weniger gut ausgebildet.[*] Und da wir nur für wirklich halten, was messbar ist, haben wir sogar eine Maßeinheit für dieses Prinzip entwickelt: den Intelligenzquotienten. Wir haben Intelligenztests entwickelt, um den Intelligenzquotienten zu messen. Inzwischen haben zahlreiche Trainingsprogramme zur Lösung dieser Tests gezeigt, dass sie nicht die Intelligenz eines Menschen testen, sondern lediglich seine Fähigkeit, Intelligenztests zu lösen. Die Formen des Denkens sind so vielfältig, dass diese Maßeinheit nur ganz wenige davon erfasst.

Was tun wir, wenn wir denken?

Wenn wir in unserer Alltagssprache vom «Denken» sprechen, meinen wir meistens das intellektuelle Verarbeiten von Informationen. Die Informationen, die wir denkend verarbeiten, können sowohl aus Sinneswahrnehmungen als auch aus abs-

---

[*] Die vorhandenen Untersuchungen darüber, wie sich das Denken der Frauen vom Denken der Männer unterscheidet, tragen mehr zur Verwirrung als zur Aufklärung bei, da sie ein allzu grobes Raster verwenden.

trakten Maßeinheiten wie beispielsweise Zahlen bestehen. Schon Aristoteles definierte Denken als Fähigkeit des Verstandes, Informationen zu verarbeiten.

Immanuel Kant hat 1781 in der «Kritik der reinen Vernunft» die Grundfunktionen dieses intellektuellen Vermögens herausgearbeitet. Er ist der Frage nachgegangen, was wir eigentlich genau tun, wenn wir denkend Informationen verarbeiten, und hat dabei Erstaunliches herausgefunden. Der Verstand ordnet die Informationen, die er verarbeitet, nach einem bestimmten Muster. Dieses Muster erzeugt die Grundstrukturen unserer Wahrnehmung. Es ist nicht in den Informationen enthalten, die beispielsweise unsere Sinne dem Verstand vermitteln, sondern ist Teil des Verstandes selbst. Was wir als «Wirklichkeit» erfahren, ist demnach immer schon vom Verstand vorstrukturiert. Unabhängig von diesen Grundstrukturen kann unser Verstand nichts erkennen. Die Struktur unseres Verstandes ist demnach ein Teil unserer Wirklichkeit.

Die Verstandesfunktionen, die dieses immer gleiche Muster von «Wirklichkeit» erzeugen, nennt Kant «Kategorien» oder «reine Verstandesbegriffe». Sie ordnen unsere Wahrnehmungen auf einer sehr grundsätzlichen Ebene. Und sie arbeiten zusammen mit den sogenannten reinen Anschauungsformen: mit Raum und Zeit. Auch Raum und Zeit sind nicht Teil der Informationen, die unser Verstand verarbeitet. Sie sind keine objektiven physikalischen Größen, sondern gehören zu der Art und Weise, wie wir unsere Wahrnehmungen vorstrukturieren. Sie sind so etwas wie die innere Bühne, auf der sich unsere Wahrnehmungen abspielen.

Um die Verstandesfunktionen und die Anschauungsformen erkennen und voneinander unterscheiden zu können, müssen wir in der Lage sein, uns selbst beim Denken zu beobachten und dabei den Fokus nicht auf den Inhalt des Gedachten zu lenken, sondern auf den Prozess des Denkens selbst. Wir müssen die Bühne und alles, was sich darauf abspielt, von außen betrachten können, während ein Teil von uns auf der Bühne steht. Das ist ein ausgesprochen anspruchsvoller Vorgang, der viel Übung im abstrakten Denken erfordert. Die «Kritik der reinen Vernunft» gilt nicht ohne Grund als eines der schwierigsten Werke der philosophischen Literatur. Ich werde mich deshalb hier auf ein Beispiel beschränken: die Kategorie von Ursache und Wirkung.[*]

Isaac Newton soll das Prinzip der Schwerkraft entdeckt haben, als er sah, wie ein Apfel von einem Baum zu Boden fiel. Wir gehen davon aus, dass es sich dabei um ein grundlegendes Naturgesetz handelt, um eine der vier physikalischen Grundkräfte des Universums,[**] eine Grundstruktur der Wirklichkeit. Ohne die ordnende Verstandesfunktion, die eine Ursache mit einer Wirkung verknüpft, ist das Naturgesetz der Schwerkraft jedoch nicht denkbar. Newton wäre nicht in der Lage gewesen, Baum, Apfel und Fallen miteinander in Beziehung zu setzen und die Schwerkraft als Ursache des Fallens zu erkennen. Die verschiedenen Sinneseindrücke hätten beziehungslos nebeneinander gestanden.

[*] Dies soll nicht darüber hinwegtäuschen, dass an jedem komplexen Vorgang des Denkens alle zwölf Kategorien beteiligt sind, dass jeder Inhalt des Denkens und der Wahrnehmung durch ein Zusammenspiel aller Verstandesfunktionen geformt wird.

[**] Zu den vier physikalischen Grundkräften gehören auch der **Elektromagnetismus** sowie die **starke** und die **schwache Kernkraft**. Die starke Kernkraft bewirkt, dass ein Atomkern stabil bleibt, während die schwache Kernkraft dafür verantwortlich ist, dass sich verschiedene Teilchenarten ineinander umwandeln können. Auch der Zerfall von Teilchen wird durch diese schwache Kraft ermöglicht.

Dass es für jede Wirkung eine Ursache gibt, erscheint uns selbstverständlich. Die meisten von uns gehen auch heute noch davon aus, dass das Prinzip von Ursache und Wirkung ein Aspekt der Natur ist, der sich – über unsere Wahrnehmung vermittelt – auf unser Denken überträgt. Dass es sich um ein Gesetz unseres Denkens handeln könnte, das unsere Wahrnehmung von der Natur formt, erscheint uns seltsam.

Im 18. Jahrhundert hat dieser Gedanke Kants viele Menschen zutiefst erschüttert. Alles, was sie bis dahin für real gehalten hatten, erschien ihnen plötzlich als Produkt ihres eigenen Verstandes. Sie hatten das Gefühl, ihrer eigenen Wahrnehmung nicht mehr vertrauen zu können. Sie wollten die Dinge nicht nur auf eine vom Verstand vorgeformte Art erkennen können, sondern so, wie sie eigentlich sind, d. h. in der Sprache Kants als «die Dinge an sich».

Immanuel Kant wusste, dass seine präzisen Untersuchungen der menschlichen Vernunft ebenso revolutionär waren wie seinerzeit die Entdeckungen des Kopernikus. So wie Kopernikus gesehen hatte, dass die Erde nicht unbewegt den Mittelpunkt des Universums bildet, hatte Kant einleuchtend gezeigt, dass unsere Erkenntnis sich nicht nach den Erkenntnisobjekten richtet, sondern dass alles, was wir erkennen, durch unser Denken geformt wird. Während wir jedoch die Entdeckungen des Kopernikus längst in unser Alltagsbewusstsein integriert haben, erscheinen uns die Gedanken Kants noch immer befremdlich.

Wir können davon ausgehen, dass sich die Grundstrukturen unseres Denkens ebenso ähneln wie der Aufbau unseres Körpers. Darüber hinaus ist der Organismus des Denkens jedoch so einzigartig wie unsere Physiognomie oder Konstitution. Er wird durch unsere Anlagen, unser Elternhaus, unsere Schulbildung und die Kultur in der wir leben geprägt. Wir können ihn auf unterschiedlichste Weise ausbilden oder vernachlässigen.

Was geschieht, wenn wir die Welt wahrnehmen?

Wenn ich aus meinem Wohnzimmerfenster sehe, blicke ich auf eine kleine Dachterrasse. Ich sehe dort Pflanzen in Blumentöpfen und einen kleinen Bistrotisch. Auf diesem Tisch scheinen seit Monaten zwei kleine Gegenstände aus Metall zu stehen. Sie standen schon im Frühling dort, im Sommer, im Herbst und auch im Winter, und niemand hat sie je verrückt. Wann auch immer ich dort hinsah, fragte ich mich, was das wohl für Gegenstände sein könnten – Blumenvasen, Aschenbecher, Kerzenständer, Pfeffer- und Salzstreuer – sie waren zu weit weg, um ihre Form genau zu erkennen. Irgendwann beschloss ich, das Rätselraten zu beenden und mir die Sache mit dem Fernglas genauer anzusehen. Erstaunlicherweise nützte das überhaupt nichts. Zwar konnte ich die Gegenstände ganz nah heranholen, besser sehen konnte ich sie aber trotzdem nicht. Anstatt zweier kleiner verschwommener Gegenstände sah ich schlicht und einfach zwei große verschwommene Gegenstände.

Als sich mein Mann am Abend über das Fernglas auf dem Wohnzimmertisch wunderte, erzählte ich ihm von den Gegenständen, die mich so wunderbar vom Arbeiten abhalten konnten. Er sah hinüber und sagte: «Da steht nichts auf dem Tisch, das sind die Türgriffe der Balkontür». Ich brauchte eine Weile,

bis ich erkennen konnte, dass er recht hatte. Wie ein Vexier-
bild verwandelten sich die metallenen Gegenstände langsam
in die Griffe der Balkontür, die sich direkt hinter dem Tisch
auf der Höhe der Tischplatte befanden.

Noch heute vollzieht sich diese Verwandlung jedes Mal,
wenn ich hinüberschaue, und erinnert mich daran, dass ein
großer Teil von dem, was ich sehe, meiner Vorstellungskraft
entspringt. Meine Augen werden zwar durch verschiedene
Stufen von Licht und Dunkel, Farbe und Form stimuliert, das
Bild, das ich sehe, wird jedoch durch die Struktur meines Denkens geformt und als Erinnerung abgespeichert. Diese Erinnerungen sind Gedankenformen, die uns ermöglichen, sinnliche
Wahrnehmungen sehr schnell in Bilder umzuwandeln. Was
wir oft genug gesehen haben, erkennen wir auch im Dunkeln.
Es genügen wenige Anhaltspunkte, um die entsprechende Gedankenform zu finden, die die Sinneseindrücke in ein Bild verwandelt.

In vielen Fällen sind solche Gedankenstrukturen außerordentlich nützlich. Sie nehmen uns die Interpretation der Sinneseindrücke ab, die ständig auf uns einströmen. Nur mit ihrer Hilfe finden wir uns in komplexen Situationen zurecht wie
beispielsweise dem Straßenverkehr. Gleichzeitig behindern
sie uns jedoch. Je mehr Gedankenformen uns umgeben und
zur Verfügung stehen, desto schwerer wird es, aus neuen Ein-
drücken auch wirklich neue Bilder entstehen zu lassen. Sie
sind wie ausgetretene Pfade, die wir nur mühsam verlassen
können. Während der Monate, in denen ich die metallenen
Formen auf der Dachterrasse gegenüber als Gegenstände auf
dem Tisch interpretiert hatte, wurden Gedankenstrukturen
geformt, die in meinem Kopf ganz automatisch immer wieder

dasselbe Bild entstehen ließen. Diese Gedankenstrukturen sind sehr langlebig. Ich muss sie heute noch beiseite schieben, um die vermeintlichen Gegenstände als metallene Türgriffe zu erkennen.

Je tiefer sich eine Form eingeprägt hat, desto schwerer ist es, sie wieder loszuwerden. Im Augenblick des Sehens muss das Gehirn eine gewaltige Interpretationsleistung vollbringen. Kleinkinder brauchen etwa 6 Monate, bis sie in der Lage sind, die Sinnesdaten, die auf sie einströmen, dreidimensional zu ordnen. Am Anfang unterscheiden sie lediglich Hell und Dunkel, später sehen sie zweidimensional.[1] Wenn sie eine Treppe sehen, erscheint sie ihnen als Fläche. Man muss sie davor bewahren, hinunterzufallen. Erst nach und nach können sie diese Dimension erfassen. Aus diesem Grund ist es für einen erwachsenen Menschen, der zeitlebens blind war, kaum möglich, vollständig sehen zu lernen. Marius von Senden hat in einer Studie die Fallgeschichten von 66 Patienten untersucht, die von Geburt an blind waren und deren Augen durch eine Operation geheilt werden konnten.[2] Es reicht nicht aus, dass das Auge physisch intakt ist. Die Blindgeborenen mussten nach ihrer Augenoperation mühsam das Sehen lernen. Zunächst konnten sie lediglich den Unterschied zwischen Hell und Dunkel wahrnehmen, und auch später konnten die meisten nur schemenhaft sehen. Sie waren deprimiert und zutiefst verunsichert. Die Blindgeborenen hatten ein großes Repertoire an Gedankenstrukturen entwickelt, die Tasteindrücke in Formen verwandeln. Visuelle Eindrücke konnten sie nicht verarbeiten.

Gedankenstrukturen entstehen jedoch nicht nur durch Sinneseindrücke, sondern durch jegliche Form von Erfahrung:

physisch, psychisch, intellektuell oder spirituell. Nur einen kleinen Teil davon bilden wir individuell. Die meisten dieser Strukturen übernehmen wir von unseren Eltern und der Gesellschaft, in der wir leben. Sie bestimmen unser Denken, unsere Wahrnehmung und die Formen unseres Zusammenlebens. Wir sind so an ihre ordnende Tätigkeit gewöhnt, dass wir sie noch nicht einmal bemerken. Mit ihrer Hilfe erfassen wir die Welt auf die immer gleiche Art. Und gerade das erscheint uns als Beweis dafür, dass die Welt genau so ist, wie sie uns erscheint.

Mit unseren Gedankenformen bilden wir gemeinsam einen geistigen Organismus. Wir nennen ihn meist vage «Zeitgeist» oder auch «Gesellschaft». Dieser Organismus formt die Welt, in der wir leben. Er ist ein Teil von uns und wir sind ein Teil von ihm. Er prägt nicht nur unsere moralischen oder auch ästhetischen Werte, sondern bestimmt all das, was wir an gesellschaftlicher Entwicklung für möglich halten. Wenn wir etwas in unserer Welt verändern wollen, müssen wir mit diesem Organismus beginnen. Wir müssen ihn dehnen, strecken und beweglicher machen. Das ist ein wenig wie Gymnastik. Die beiden folgenden Kapitel sind ein Teil dieser Übung. Sie helfen uns, für unsere grundlegendsten kollektiven Gedankenformen ein Bewusstsein zu entwickeln. Denn nur wenn wir unsere geistigen Bewegungsmuster kennen, können wir ihren Automatismus lösen und damit Platz schaffen für neue Ideen.

2

Kollektive Gedankenformen erkennen

«Wissenschaft kann die letzten Rätsel der Natur nicht lösen. Sie kann es deswegen nicht, weil wir selbst ein Teil der Natur und damit auch ein Teil des Rätsels sind, das wir lösen wollen.»

MAX PLANCK

Kollektive Gedankenformen sind die Strukturen unseres Denkens, die wir als Gesellschaft teilen. Sie zeigen sich in Sätzen, die wir alle für selbstverständlich halten. Sie sind für uns so selbstverständlich wie die Luft zum Atmen. Wir haben vergessen, dass wir sie vor langer Zeit zu Grundprinzipien unseres Denkens gemacht haben. In einem ersten Schritt werden wir uns einige dieser Sätze ins Bewusstsein rufen. Wir werden die derzeit wirksamsten kollektiven Gedankenformen infrage stellen und versuchen, ihren Automatismus zu lockern.

Alles entwickelt sich kontinuierlich!

Vor vielen Jahren hat ein guter Freund plötzlich mit dem Rauchen aufgehört. Als ich ihn fragte, ob es ihm schwer gefallen sei, antwortete er, es sei ganz leicht gewesen. Er habe sich die Quanten zum Vorbild genommen. Diese kleinsten Einheiten unserer Wirklichkeit seien in der Lage, sich durch das einfache Aufnehmen oder Abgeben von Energie vollständig zu verwandeln. Von einem Augenblick zum nächsten könnten sie alle ihre bisherigen Eigenschaften abwerfen und neue Eigenschaften annehmen. Es gäbe dann nichts mehr, was sie mit ihrem vorherigen Dasein verbindet. Genauso habe er es mit dem Rauchen gemacht. Er habe auf den richtigen Zeitpunkt gewartet, Energie aufgenommen und sich verwandelt. Auf die Frage, ob er nicht doch wenigstens in manchen Situationen noch Lust habe, eine Zigarette zu rauchen, antwortete er, nein, in seinem jetzigen Dasein sei er ja niemals Raucher gewesen.

Ich wusste damals zu wenig über die seltsamen Verhaltensweisen von Quanten, doch obwohl diese Geschichte offensichtlich nicht mehr als ein Gleichnis sein konnte, machte sie mich neugierig. Mein Freund war ein unkonventioneller Mathematiker, der sich gerne von naturwissenschaftlichen Erkenntnissen inspirieren ließ. Die Verhaltensweise der Quanten hatte ihm gezeigt, dass sich eine Entwicklung nicht notwendigerweise kontinuierlich vollziehen musste. Ihm war klar geworden, dass es möglich war, sich zu verändern, ohne den Ballast der Vergangenheit mit sich herumschleppen zu müssen, also hat er es getan.

Der Glaube, dass sich alles kontinuierlich und in nachvollziehbaren Schritten entwickeln muss, gehört zu unseren wirksamsten Denkmustern. Unkonventionelle Charaktere haben den Vorteil, dass ihre Denkstrukturen weniger stark mit dem kollektiven System der Gedankenformen verbunden sind. Sie können sich leichter von gewohnten Denkmustern verabschieden. Wir wissen, dass eine Einsicht bei vielen Menschen nicht ausreicht, um eine Verhaltensweise dauerhaft zu ändern.

Das liegt daran, dass nur ein Teil unserer Gedankenformen individuell funktioniert. Der weitaus größere und mächtigere Teil dieser Formen ist kollektiver Natur. Wir teilen ihn mit der Gesellschaft, in der wir leben. Wenn wir Gedankenformen verändern wollen, die Teil eines kollektiven Weltbildes sind, haben wir zwei Möglichkeiten. Wir können versuchen, uns mühsam aus dem kollektiven Organismus herauszuschälen – mit mehr oder weniger großem Erfolg. Oder wir können anerkennen, dass es diesen gemeinsamen Organismus gibt, und versuchen ihn gemeinsam zu verändern. Je mehr Menschen sich bewusst mit diesem Organismus auseinandersetzen, desto weniger Kraft kostet es jede und jeden Einzelnen und desto größer ist die Aussicht auf Erfolg.

Wirklichkeit ist eine Ansammlung von objektiven Tatsachen!

Viele unserer geistigen Voreinstellungen stammen aus der Welt der Naturwissenschaften. Selbst wenn wir keinerlei Interesse an naturwissenschaftlichen Erkenntnissen haben, ordnen wir unsere Wahrnehmungen nach ihren Prinzipien. Mit dem Beginn des neuzeitlich-naturwissenschaftlichen Zeitalters im 16. und 17. Jahrhundert wurden Denkstrukturen erschaffen, die unser Leben bis heute bestimmen. Wir gehen seither davon aus, dass die Welt ein rationalisierbares und objektivierbares Gefüge ist, das wir nach und nach mit all seinen Facetten wissenschaftlich erfassen können. Als Menschen leben wir in dieser oder auf dieser objektiven Welt, sind aber kein organischer Teil davon. Wir sind nur dann unmittelbar mit ihr verbunden, wenn wir mit physischen Kräften auf sie einwirken. Ansonsten stehen wir ihr beobachtend gegenüber. Mensch und Welt können sich zwar physisch beeinflussen, werden aber grundsätzlich als getrennte Organismen betrachtet.

Eines der wichtigsten Grundprinzipien der modernen Naturwissenschaft und damit eine unserer grundlegendsten kollektiven Gedankenformen ist das Prinzip der Objektivität. Objektivität bedeutet, dass wir die Welt und ihre Gesetzmäßigkeiten beobachten und analysieren können, ohne sie dabei zu beeinflussen. Die Ergebnisse der Wissenschaft sollen die Welt unabhängig von der persönlichen Erfahrung eines einzelnen Menschen beschreiben, unabhängig von unseren Werten. Nur was mit naturwissenschaftlichen Methoden messbar ist, gilt als wirklich, und Wirklichkeit ist eine ganz neutrale Angelegenheit.

Die Welt der Naturwissenschaften besteht aus einer Ansammlung von objektiven Tatsachen. Objektive Tatsachen geben uns ein Gefühl von Sicherheit. Sie existierten bereits vor unserer Zeit und sie werden nach unserer Zeit weiter bestehen. Wir können uns auf sie verlassen, weil sie nach durchschaubaren und kontrollierbaren Gesetzen funktionieren. Sie sind unabhängig von unseren persönlichen Irrtümern und sie ermöglichen uns als Gesellschaft das, was wir Fortschritt nennen. Es scheint lediglich eine Frage der Zeit und der richtigen Investitionen zu sein, bis wir sie vollständig im Griff haben.

Wir haben uns die Vorstellung von einer objektiven Wirklichkeit so zu eigen gemacht, dass wir meist gar nicht mehr wahrnehmen, dass es sich dabei nur um ein Weltbild handelt, eine ganz spezifische Perspektive, die manchmal nützlich sein kann, die aber keinerlei Notwendigkeit hat. Wir haben lediglich unser Denken innerhalb dieser Perspektive ausgebildet und verfeinert. Unzählige Gedankenformen richten uns immer wieder darauf aus und lassen uns glauben, dass wir die Wirklichkeit umso vollständiger erfassen, je mehr wir uns davon distanzieren.

Wissenschaft ist neutral!

Der amerikanische Computerwissenschaftler Joseph Weizenbaum hat kürzlich in einem Artikel in der Süddeutschen Zeitung darauf hingewiesen, dass die Erkenntnisse der Naturwissenschaften nicht wertfrei sind.[1] Um zu Erkenntnissen zu gelangen, müssen Naturwissenschaftler Fragen stellen und Experimente entwickeln. Sie müssen aus unendlich vielen möglichen Fragen und Experimenten diejenigen auswählen, die ihnen am wichtigsten erscheinen. Dabei orientieren sie sich an den Werten der Gesellschaft, in der sie leben. Die Antworten auf die gestellten Fragen sollen schließlich den Fortbestand dieser Gesellschaftsform unterstützen. In einer religiösen Gesellschaft werden es andere Fragen sein als in einer konsumorientierten oder militärischen Gesellschaft. Allein die Auswahl der Fragen und Experimente ist eine Form der Interpretation. Es ist nicht möglich, unabhängig und wertfrei Daten zu sammeln, da wir uns innerhalb einer unendlichen Menge auf das Material konzentrieren müssen, das uns derzeit relevant scheint. Relevant erscheint zunächst all das, was durch unsere Denkstrukturen zu sinnvoller Information geformt werden kann.

Wissen entsteht also, indem wir Daten interpretieren, d. h. indem wir sie innerhalb uns vertrauter Muster deuten. Ein Kassenzettel aus dem Supermarkt enthält nur dann sinnvolle Informationen, wenn wir ihn als Kassenzettel erkennen. In einem Land, in dem die Preise von Nahrungsmitteln anstatt in Zahlen in Form von Farben dargestellt würden, wären wir nicht in der Lage, die Farbdaten in sinnvolle Informationen zu verwandeln. Was auch immer wir als sinnvolle Information wahrnehmen, wurde bereits durch den Filter vertrauter Gedankenformen strukturiert. Neutrale Informationen gibt es nicht. Alles Wissen ist eine Folge unserer Deutung von Daten. Wissenschaft ist nicht objektiv. Sie ist nur eine von vielen möglichen Arten, Informationen über die Wirklichkeit zu sammeln.

Falls Sie das erschreckend finden, dann liegt das daran, dass wir als Gesellschaft über Jahrhunderte mit dem Mythos des «objektiven Wissens» gelebt haben. Wir haben geglaubt, Wissen sei nur dann relevant, wenn es vollständig neutral erworben wurde, unabhängig von unseren Werten oder Deutungsmustern. Wissen, das nicht objektiv war, erschien uns beliebig. Die Objektivität war das Reinheitsgebot der Wissenschaft. Wir wollten die Welt nicht deuten, sondern erfassen, so wie sie wirklich war, jenseits von unseren Vorstellungen. Dabei haben wir vergessen, dass wir selbst ein Teil dieser Welt sind, und dass erst unsere Fähigkeit zu deuten und zu strukturieren, die Welt zu einem sinnvollen Organismus werden lässt. Was wir «Wissen» nennen, ist immer ein Muster, das dank unserer Fähigkeit zur Interpretation im Chaos von Ereignissen sichtbar werden kann. Die Muster, die so sichtbar werden, sind keinesfalls beliebig. Sie sind ein Teil der Wirklichkeit, genau der Teil, der sich mit unseren derzeitigen Gedankenformen sinnvoll erfassen lässt.

Neue Deutungsformen fördern jeweils anderes Wissen zutage. Das naturwissenschaftliche Prinzip der Objektivität hat uns beispielsweise von vielen archaischen Deutungsmustern befreit und uns das Wissen der Neuzeit zur Verfügung gestellt. Es hat uns gelehrt, Menschen und Dinge detailliert, individuell und voneinander unabhängig zu betrachten. Weder die Industrialisierung noch die Entwicklung der modernen Medizin wären ohne die Gedankenform der Objektivität denkbar gewesen. Sie verhilft uns Tag für Tag in vielen Lebensbereichen zu wichtigen und hilfreichen Erkenntnissen. Es ist lediglich an der Zeit zu verstehen, dass diese Erkenntnisse nicht ausreichen, um all die ökologischen, ökonomischen, politischen und rechtlichen Probleme zu lösen, mit denen wir derzeit als Gesellschaft konfrontiert werden. Denn viele dieser Probleme sind gerade dadurch entstanden, dass wir das Gewebe der Wirklichkeit ausschließlich durch die Brille der Objektivität betrachtet haben.

Objektivität ist nicht mehr als eine Geisteshaltung, die die Materie auf eine ganz bestimmte Weise erscheinen lässt. Der Mythos der Objektivität hat uns vergessen lassen, dass wir die Welt bereits gestalten, während wir sie scheinbar neutral erfassen. Viele Menschen erfahren das schmerzlich, wenn ihnen eröffnet wird, dass sie an einer tödlichen Krankheit leiden. Allein diese Nachricht kann einen Einfluss auf den Verlauf der Krankheit haben. Eine nüchterne Feststellung kann einen physischen Körper verändern, eine sachliche Information kann Materie verwandeln. Auch in Placebo-Studien wurde dieser Effekt vielfach nachgewiesen. Knapp ein Viertel der

Probanden, die lediglich Placebos einnehmen, leiden jeweils unter den Nebenwirkungen des Medikamentes, das sie gar nicht eingenommen haben.[2] Bis hin zum Haarausfall bei nicht erhaltener Chemotherapie.[3] Sowohl die Heilungserfolge der Placebos als auch die physisch nachweisbaren Nebenwirkungen entstehen letztlich durch Gedankenkraft. Über diesen Zusammenhang wissen wir immer noch wenig. Er ist mit den Kriterien der Objektivität nicht erfassbar. Wie entsteht eine Beziehung zwischen der Welt des Geistes und der Welt der Materie? Wie lösen Gedanken biochemische Prozesse aus, die sich dann körperlich niederschlagen? Wie können wir diese Beziehung so gestalten, dass sie sich beispielsweise gesundheitsfördernd auswirkt? Die Wissenschaft der Psychologie wurde bereits im 19. Jahrhundert entwickelt, doch diese Fragen konnten bis heute nicht zufriedenstellend beantwortet werden. Es herrscht noch nicht einmal Einigkeit darüber, was der Begriff der menschlichen Psyche alles einschließt. Was wir Psyche nennen, gehört zu den Phänomenen, die zu beweglich und zu wenig greifbar sind, um mit den Formen der Wahrnehmung, die wir bislang entwickelt haben, vollständig erfassbar zu sein. Und doch zeigt uns gerade dieses Phänomen immer wieder, dass Geist und Materie auf eine unbewusste Weise kommunizieren.

Die Erkenntnisse der Quantenphysik weisen darauf hin, dass die Kommunikation zwischen Geist und Materie nicht nur in unserem persönlichen Leben eine Rolle spielt, sondern auch für die kleinsten Elemente der Materie von Bedeutung ist. Das Wissen darüber, wie sich diese Kommunikation im Einzelnen vollzieht, könnte unser Weltbild verändern und vielleicht sogar die Möglichkeit eröffnen, bewusst an diesem

Kommunikationsprozess teilzuhaben. In einer Zeit, in der wir mit unserer gewohnten Art zu denken in vielen Bereichen an eine Grenze gelangt sind, wäre es auf jeden Fall sinnvoll, diesen Gestaltungsspielraum zu erkennen, zu nutzen und zu erweitern. Dafür brauchen wir Gedankenformen, die es uns ermöglichen, immaterielle, bewegliche Phänomene präzise wahrzunehmen, Gedankenformen, die uns helfen, die Welt so zu sehen, wie sie sich der Physik des 21. Jahrhunderts zeigt, Gedankenformen, die die Möglichkeit der Kommunikation zwischen Geist und Materie miteinbeziehen.

Um sie entstehen zu lassen, müssen wir uns zunächst bewusst machen, nach welchen Prinzipien wir bislang unsere Wirklichkeit formen und auf welche Weise wir dadurch die Welt, in der wir gemeinsam leben, unbewusst gestalten. Erst wenn uns diese geistigen Voreinstellungen bewusst werden, können wir sie durch andere Gedankenformen erweitern und so die Welt differenzierter betrachten. Wenden wir uns deshalb in den folgenden Kapiteln einem der grundlegendsten Muster unseres Denkens zu, dem Glauben an die Materie als kleinstem und stabilstem Baustein der Realität.

Materie ist der Grundbaustein der Welt!

Der Grundbaustein unserer wissenschaftlich erfassbaren Welt ist die Materie. Denn nur die Ereignisse innerhalb der Welt der Materie sind unmittelbar sichtbar und messbar. So kommt es, dass viele Naturwissenschaftler auch das menschliche Denken und Fühlen auf mechanische oder chemische Vorgänge im Gehirn oder Körper reduzieren. Auch wenn sie im Einzelnen noch nicht herausgefunden haben, wie durch biochemische Prozesse Gedanken produziert werden, sind sie überzeugt, dass letztlich alles auf materielle Vorgänge zurückgeführt werden kann. Für die Welt des Geistes gibt es keine objektive Maßeinheit. Sie ist nicht für alle gleichermaßen nachvollziehbar und einsehbar und damit im wissenschaftlichen Sinne nicht wirklich.

Und damit kommen wir zu einer weiteren Grundvoraussetzung für die Vorstellung einer objektiv messbaren Welt: die strikte Trennung zwischen Subjekt und Objekt, zwischen dem messenden Wissenschaftler und dem gemessenen Experiment, zwischen Geist und Materie. Denn nur solange der Beobachter das Experiment nicht beeinflusst, beschreibt das Ergebnis die Natur als «objektive Tatsache». Jedes Experiment muss zu jedem beliebigen Zeitpunkt wiederholbar und überprüfbar sein. Nur was sich wieder und wieder als objektive Tatsache erwiesen hat, wird als Wirklichkeit anerkannt.

Seit der Entdeckung der Quantenmechanik[*] zu Beginn des 20. Jahrhunderts ist diese Grundvoraussetzung der Naturwissenschaft jedoch fragwürdig geworden. Bis dahin war man davon ausgegangen, dass Mensch und Materie lediglich mechanisch aufeinander einwirken können. Ein Wissenschaftler

---

[*] Die **Quantenmechanik**, auch **Quantentheorie** genannt, beschreibt das Verhalten der Materie im atomaren und subatomaren Bereich.
In ihrer ursprünglichen Form wurde sie fast gleichzeitig von zwei verschiedenen Physikern entdeckt: von **Werner Heisenberg** und **Erwin Schrödinger**. Zu ihrer Vervollkommnung haben jedoch zahlreiche weitere Physiker beigetragen.

Da es mir nicht auf die mathematischen Feinheiten, sondern vor allem auf die philosophischen Auswirkungen der einzelnen Aspekte der Quantentheorie ankommt, verwende ich die Begriffe «Quantenmechanik», «Quantentheorie» und «Quantenphysik» gleichbedeutend.

wurde nur dann als Teil eines Experimentes verstanden, wenn er physisch Einfluss nahm. Tat er das nicht, galt er als neutraler Beobachter einer objektiven Welt. Man war überzeugt, dass bloße Beobachtung ein wissenschaftliches Experiment nicht beeinflussen kann. Beobachtung galt als rein geistiger Vorgang und zählte als solcher nicht zu den physikalischen Ausgangsbedingungen eines Experimentes. Man glaubte, dass die objektive Welt sich unter denselben physikalischen Bedingungen immer genau gleich verhält, ob sie nun jemand dabei beobachtet oder nicht. Genau das haben die Forschungsergebnisse der Quantenphysik jedoch infrage gestellt. Sie haben gezeigt, dass sich die Materie als Grundbaustein unserer Wirklichkeit auch ohne mechanische Einwirkung verändern kann. Auf subatomarer Ebene verwandelt die Materie allein dadurch ihr Gesicht, dass wir sie beobachten. Wir begegnen ihr in unterschiedlichen Ausdrucksformen, die mit den Gesetzen der Newton'schen Physik nicht erklärbar sind. Die Eigenschaften und Verhaltensweisen der kleinsten Einheiten der naturwissenschaftlichen Welt widersprechen den Grundprinzipien der klassischen Physik. Die Newton'schen Gesetze gelten damit nur noch in einem sehr beschränkten Rahmen. Sie sind nicht mehr universell anwendbar.

Mit den Ergebnissen der Quantenmechanik hat die Physik ihr einheitliches Fundament verloren. Doch dieses Fundament war auch die Grundlage unseres Weltbildes. Die Naturwissenschaft hat ihre Welt mit ihren eigenen Methoden aus den Angeln gehoben. Die Materie ist wieder zu einem Rätsel geworden.

Materie ist stabil!

Wenn wir im Alltag von Materialismus sprechen, dann meinen wir meist eine Lebensform, deren höchstes Ziel im Anhäufen materieller Güter besteht. Wir glauben vielleicht sogar, dass wir uns als Einzelne für oder gegen eine solche Lebensform entscheiden können. Doch Materialismus ist nicht in erster Linie eine individuelle Haltung, zu der wir uns bekennen oder die wir ablehnen können, je nachdem, wie sehr wir es lieben, viele Dinge zu besitzen. Selbst wenn uns der Besitz von materiellen Gütern nicht viel bedeutet, sind wir kollektiv an diese Haltung gebunden. Sie ist die Folge eines Gedankenmusters, das die Materie bereits Jahrhunderte vor unserer Geburt zum Grundbaustein der Wirklichkeit erklärt hat, der Glaube daran, dass die Materie allem, was existiert, Stabilität verleiht. Wenn Sie beispielsweise kurz innehalten und versuchen, sich selbst wahrzunehmen, werden Sie vermutlich zuallererst ihren Körper spüren: Ihre Hände, Ihre Füße, Ihre Arme, Ihre Beine, Ihren Kopf. Wahrscheinlich werden Sie erst danach an all die anderen Eigenschaften denken, mit denen Sie sich im Augenblick identifizieren: Ihre Grundstimmung, Ihre Fähigkeiten oder Ihren Charakter. Selbst wenn Sie wissen, dass Ihr Körper sich alle sieben Jahre vollständig erneuert, dass keines der Atome, die im Augenblick Ihren Körper bilden, bei Ihrer Geburt anwesend war, oder dass alle Atome zu 99,9 Prozent aus leerem Raum bestehen und dass der minimale Anteil an materieller Substanz völlig instabil ist, wird Ihnen Ihr Körper fest und stabil erscheinen. Warum ist das so? Warum übertragen sich all unsere wissenschaftlichen Erkenntnisse nicht auf unser Lebensgefühl? Warum vermittelt uns unser Körper Stabilität, obwohl wir wissen, dass er sich wesentlich leichter verändern lässt als unser Charakter?

Wir leben in einer Gesellschaft, deren Wahrnehmung der Welt vom Glauben an die Stabilität der Materie geprägt ist. Weil wir diese Wahrnehmung gewohnt sind, vermittelt sie Sicherheit, selbst dann, wenn wir längst wissen, dass wir uns besser auf andere Faktoren unseres Lebens verlassen sollten. Der Glaube an die Stabilität der Materie ist so tief verankert, dass wir etwas ausholen müssen, um ihn ins Wanken zu bringen. Um unsere unmittelbare Wahrnehmung irgendwann mit dem physikalischen Wissen des 21. Jahrhunderts in Einklang bringen zu können, müssen wir uns bewusst und ausführlich mit dem Begriff der Materie auseinandersetzen. Ich muss Sie also bitten, etwas Geduld zu haben und sich in den folgenden Kapiteln auf eine Reise von den Anfängen unseres materialistischen Zeitalters zu den Erkenntnissen von Quantenphysik und Relativitätstheorie zu begeben. Wir werden diese Reise mehrfach vollziehen und immer wieder von neuen Ausgangspunkten beginnen. Nur so kann ein tief verwurzeltes Denkmuster langsam verändert werden.

Unsere Vorstellung dessen, was wir als Materie bezeichnen, geht im Wesentlichen auf Isaac Newton zurück. Nach Newton besteht die Materie aus harten, undurchdringlichen, beweglichen Teilchen. Die Vorstellung von kleinsten, unteilbaren Elementen, die zu verschiedenen Körpern zusammengesetzt werden, ist allerdings viel älter. Schon 450 Jahre vor Christus, das heißt fast 2000 Jahre vor Newton, hat der griechische Philosoph Demokrit die Lehre von den kleinsten Teilchen verbreitet. Er nannte sie Atome und war überzeugt davon, dass sie sich im leeren Raum des Universums umherbewegen und zu den unterschiedlichsten Körpern formieren. Im Laufe der Jahrhunderte gab es allerdings noch unzählige andere Theorien über das Wesen der Materie. Mitte des 19. Jahrhunderts vertrat beispielsweise der Physiker Michael Faraday die Ansicht, Atome seien keine dichten Teilchen, sondern energetische Zentren, in denen verschiedene Kräfte miteinander wechselwirken. Nehmen Sie sich einen Augenblick Zeit, sich das vorzustellen. Sie selbst und die ganze Welt bestehen aus energetischen Zentren, in denen verschiedene Kräfte in Beziehung stehen. Hätten wir uns diese Vorstellung im 19. Jahrhundert zu eigen gemacht, hätte sich unser Weltbild verändern können. Doch Faradays Theorie konnte sich nicht durchsetzen.

Noch vor hundert Jahren war die Lehre von den Atomen als den Grundbausteinen des Universums also durchaus umstritten. Heute ist sie ein fester Bestandteil unseres Weltbildes. Wir glauben, dass unser Frühstückstisch, das Geschirr, das Frühstücksei und sogar unser eigener Körper aus winzigen Teilchen bestehen. Während meiner Schulzeit erschien mir diese Vorstellung so selbstverständlich, dass ich sie für eine wissenschaftliche Tatsache hielt, schon lange bevor es Wissenschaftlern vor wenigen Jahren gelungen ist, die Oberfläche von einzelnen Atomen durch ein Rastertunnelmikroskop sichtbar zu machen.* Dass ich die Atome weder sehen noch riechen oder schmecken konnte, störte mich überhaupt nicht. Und obwohl ich inzwischen weiß, dass sich die Atome

---

* Das **Rastertunnelmikroskop** tastet die Oberfläche der Atome ab und erzeugt ein Bild, das etwa eine Milliarde mal größer ist als das Original.

an der Oberfläche der Dinge, die uns umgeben, ständig verändern, erscheint mir die Welt, in der ich mich bewege, immer noch fest und stabil. Das zeigt deutlich, dass unsere Alltagswahrnehmung von unserem Weltbild und den dazugehörigen Gedankenformen bestimmt wird. Wir glauben lediglich, dieses Weltbild sei eine Folge von wissenschaftlichen Forschungsergebnissen. Doch diese Forschungsergebnisse sind selbst Teil unseres Weltbildes. Sie konnten erst auf der Grundlage unseres Glaubens an eine objektive materielle Welt entstehen. Albert Einstein formulierte diesen Gedanken 1926 in einem Gespräch mit dem damals jungen Quantenphysiker Werner Heisenberg so:

«Aber Sie glauben doch nicht im Ernst, dass man in eine physikalische Theorie nur beobachtbare Größen aufnehmen kann. ... vom prinzipiellen Standpunkt aus ist es ganz falsch, eine Theorie nur auf beobachtbare Größen gründen zu wollen. Denn es ist ja in Wirklichkeit genau umgekehrt. Erst die Theorie entscheidet darüber, was man beobachten kann.»[4]

Während des gesamten Vorgangs des Messens und Beobachtens verlassen wir uns bereits auf unser Weltbild und auf all die Naturgesetze, die Teil dieses Weltbildes sind. Unsere Messapparate liefern uns lediglich einen sinnlichen Eindruck, den wir wiederum auf der Grundlage unseres Weltbildes interpretieren. Auch wenn es uns so erscheint, als ob wir nur glauben, was wir sehen, ist es eigentlich umgekehrt: Wir sehen nur das, was wir glauben. Genau dieser Gedanke war es, der es Werner Heisenberg im Februar 1927 ermöglichte, eines der wichtigsten Gesetze der Quantenphysik zu entdecken: die Unschärferelation.

Die Welt ist ein riesiger Baukasten!

Die Lehre von den Atomen lässt uns die Welt als überdimensionalen Baukasten betrachten. Die kleinsten materiellen Teilchen sind die Bausteine, die nach mannigfaltigen Mustern zu verschiedenen Stoffen zusammengesetzt wurden.

Heisenbergs Unschärferelation besagt nun, dass sich diese vermeintlichen Bausteine unserem wissenschaftlichen Zugriff entziehen. Wir können die Eigenschaften und die Anordnung von subatomaren Teilchen nie vollständig bestimmen. Kennen wir beispielsweise den Ort, an dem sich ein Elektron zu einem bestimmten Zeitpunkt aufhält, wissen wir nicht, wie schnell es sich gerade bewegt. Je genauer wir seine Geschwindigkeit bestimmen, desto weniger wissen wir über seinen Aufenthaltsort. Wenn wir versuchen, eines dieser Teilchen auf einen bestimmten Aufenthaltsort festzulegen, stören wir seine Bewegung auf eine unkontrollierbare Art und Weise. Um eine klare Information über den Aufenthaltsort zu erhalten, müssen wir deshalb auf eine klare Information über die Bewegung verzichten. Wenn wir beide Informationen gleichzeitig erhalten wollen, müssen wir uns mit «unscharfen», das heißt ungenauen Auskünften zufrieden geben. Wir können niemals vorausberechnen, wo sich ein einzelnes Elektron im nächsten Augenblick wirklich aufhalten und wie es sich verhalten wird. Heisenberg hat in seiner Unschärferelation mathematisch bestimmt, wie groß diese Ungewissheit jeweils ist.

Das Entscheidende an Heisenbergs Entdeckung ist allerdings, dass die Unschärferelation keine Folge von schlechten Messgeräten ist. Wäre sie lediglich eine Folge unserer Unfähigkeit, exakte Messungen vorzunehmen, ohne das Teilchen zu stören, könnten wir sie leicht in unser Weltbild integrieren. Die Unschärferelation beschreibt jedoch das Wesen der Materie selbst auf eine Art, die unserem Weltbild völlig widerspricht. Die kleinsten Bausteine der Materie haben keine klar definierte Identität. Genau genommen ist es sogar falsch, sie als Teilchen zu bezeichnen. Sie haben nicht gleichzeitig einen festgelegten Ort und eine klar definierbare Bewegungsrichtung und Geschwindigkeit. Sie sind unberechenbar und unfassbar. Wären die Elementarteilchen – wie sich das Newton vorgestellt hat – kleine kugelförmige Bauelemente, dann könnte man zu jeder Zeit exakt bestimmen, wo sie sich gerade aufhalten, wohin sie sich bewegen und wie viel Raum sie einnehmen. Mit der Entdeckung der Unschärferelation gerät unsere Vorstellung von der Welt als einem universellen mechanischen Baukasten ins Wanken.

Woraus besteht nun aber die Materie, wenn nicht aus winzigen Bausteinchen, die nach einem Bauplan zusammengesetzt werden? Was verbirgt sich hinter dem Stoff, auf den wir als Gesellschaft all unsere Hoffnungen gesetzt haben?

Nach Heisenbergs Theorie gibt es keine elementaren Bauteile mit festgelegten Eigenschaften. Was wir aus Mangel an Vorstellungskraft «Elementarteilchen» nennen, befindet sich gar nicht immer an irgendeinem Ort im Raum. «Es» bewegt sich nicht auf konventionelle Weise von A nach B. So wie ein Zug, der eine bestimmte Strecke im Raum durchquert und dabei jeden Punkt dieser Strecke einmal berührt hat. Der amerikanische Quantenphysiker Sir James Jeans ging sogar so weit zu sagen, es sei wahrscheinlich ebenso bedeutungslos darüber zu diskutieren, wie viel Raum ein Elektron einnehme, wie darüber zu diskutieren, wie viel Raum eine Furcht, eine Angst oder eine Unsicherheit einnehmen.[5] Kurzum: Elementarteilchen sind nicht in erster Linie bestimmbare materielle Elemente im Raum.

Was aber sind sie? Woraus besteht nun der Stuhl, auf dem Sie sitzen, das Buch, in dem Sie lesen, oder die Hand, mit der Sie es festhalten? Wenn wir solche Fragen stellen, ist es wichtig zu wissen, dass auch diesen Fragen schon eine bestimmte Form des Denkens zugrunde liegt. Wir fragen immer noch nach den Bauklötzchen der Natur. Wir fragen in dem festen Glauben, dass jede materielle Erscheinung aus verschiedenen Bauteilen besteht, die nach einem Bauplan ineinander gefügt sind: elementare Bauklötzchen, atomare Bauklötzchen, biochemische Bauklötzchen. Auch den menschlichen Körper halten wir für ein solches Baukastensystem. Den Bauplan enthält die DNA. Wenn wir den Bauplan und alle Bauklötzchen genau kennen – so glauben wir –, können wir mit Leichtigkeit Schäden im System reparieren. Wenn wir fragen, woraus die Materie besteht, dann wollen wir etwas über die Beschaffenheit und die Anordnung der Bauklötzchen wissen. Mit Heisenbergs Erkenntnis, dass diese Bauklötzchen gar nicht existieren, gerät ein ganzes Weltbild ins Wanken. Aber können wir uns dem Wesen der Materie ohne die Baukastenbrille nähern?

Das Lego-Prinzip gehört zu unseren grundlegenden kollektiven Gedankenformen. Wir sind es gewohnt, nach diesem Prinzip zu denken. Wenn wir uns mit den Erkenntnissen der Quantenphysik auseinandersetzen, können wir lernen, diese Brille abzusetzen. Unsere Sehschärfe wird dabei zunächst abnehmen, denn die Schärfe des Sehens ist an unsere gewohnte Gedankenform gebunden. Doch nach und nach kann diese

Schärfe durch eine andere Qualität des Denkens ergänzt werden, die der Quantenphysiker und alternative Nobelpreisträger Hans-Peter Dürr das Prinzip «Ahnung» genannt hat. Ohne dieses Prinzip – so Hans-Peter Dürr – hätte die Quantenphysik nicht entstehen können. Was er Ahnung nennt, ist also keineswegs ein vages Gebräu von Spekulationen. Es ist eine Form des Denkens, in der sich verschiedene Formen der Wahrnehmung überlagern können. Wenn wir uns mit einer Art der Wahrnehmung begnügen, gewinnt der Blick an Schärfe, verliert aber sowohl den Gesamtzusammenhang aus den Augen als auch die Vielschichtigkeit eines komplexen lebendigen Organismus. Eine Symphonie besteht zwar aus Noten, die nach bestimmten Prinzipien zu einer Partitur verknüpft wurden, es genügt jedoch nicht, Noten und Kompositionsprinzipien zu kennen, um die Musik zu verstehen. Genauso wenig reicht es aus, die Natur in Bausteine zu zerlegen.

Wie wir noch sehen werden, zeigt sich, was wir Materie nennen, in verschiedenen Formen, die sich gegenseitig widersprechen. Das Verhalten eines einzelnen Elementarteilchens ist nicht vorherbestimmbar, es folgt keiner Gesetzmäßigkeit, der Zufall scheint ein Teil seines Wesens zu sein. Die Gedankenform der Ahnung, die Paradoxien, Bewegungen und Überlagerungen erfassen kann, wird diesem Verhalten besser gerecht als die Analyseverfahren des Baukastensystems. Sie ermöglicht uns eine Form der Aufmerksamkeit, die das Ganze im Blick behält.

In der Welt der Atome herrscht immer ein gewisses Maß an Unbestimmtheit, ein gewisses Maß an Offenheit. Obwohl diese Erkenntnis nun schon fast 80 Jahre alt ist, haben wir sie noch nicht in unser Weltbild integriert. Das liegt vor allem daran, dass sie den Rahmen dessen sprengt, was wir von der Wissenschaft erwarten. Die Wissenschaft soll die Welt durchschaubar machen und Systeme entwickeln, mit denen wir sie besser kontrollieren können. Sie soll uns die Baupläne liefern. Nur das vermittelt uns die nötige Sicherheit. Deshalb sind auch die meisten Wissenschaftler lediglich in der Lage, Gedankeninhalte aufzunehmen, die ihr bisheriges Baukasten-Weltbild stützen. «*Wenn wirkliches Neuland betreten wird*», so Heisenberg, «*kann es aber vorkommen, dass nicht nur neue Inhalte aufzunehmen sind, sondern sich die Struktur des Denkens ändern muss, wenn man das Neue verstehen will.*»[6]

3
Strukturen des Denkens ändern

«Wirkliches Neuland in einer Wissenschaft kann wohl nur gewonnen werden, wenn man an einer entscheidenden Stelle bereit ist, den Grund zu verlassen, auf dem die bisherige Wissenschaft ruht.»

WERNER HEISENBERG

Die meisten Menschen sind erst dann bereit ihr Denken zu ändern, wenn Fakten sie dazu zwingen. Wir glauben beispielsweise, dass neue Erkenntnisse im Bereich der Naturwissenschaften von besserer Messtechnologie und neuen Messergebnissen abhängen. Sobald die neuen Ergebnisse vorliegen, ändern wir bereitwillig unser Denken. Das Problem dabei ist, dass manche Fakten erst sichtbar werden, wenn sich das Denken bereits geändert hat. Selbst neue Messgeräte können oft erst entwickelt werden, wenn Wissenschaftler kraft der Kreativität ihres Denkens einen neuen Pfad im Gewebe der Wirklichkeit entdecken konnten. Erst dann wissen sie, welche Geräte nötig sind, um diesen Pfad verfolgen zu können.

In den vergangenen hundert Jahren ist das mehrfach geschehen. Sowohl Albert Einstein als auch die Pioniere der Quantenphysik konnten durch die Kreativität ihres Denkens Strukturen der Wirklichkeit sichtbar werden lassen, die bislang verborgen waren. Dafür mussten sie einen Preis bezahlen. Der Preis war ihr gewohntes und liebgewonnenes Welt-

bild mit all den vertrauten Gedankenformen. Es aufzugeben –
das sei vorweggenommen – war nicht leicht. Doch glücklicherweise befinden wir uns in einer besseren Lage.

Die Schneise, die Relativitätstheorie und Quantenphysik
ins Dickicht unserer Gedankenformen geschlagen haben, ist
längst zu einem bequemen Pfad geworden, dem wir folgen
können. Wir hätten diesen Pfad auch mithilfe der Philosophie
finden können, doch die meisten unserer nicht hinterfragten
Gedankenformen sind so eng mit den Erkenntnissen der
Naturwissenschaften verknüpft, dass wir auf diesem Wege
schneller ans Ziel gelangen. Wir werden uns deshalb mit verschiedenen naturwissenschaftlichen Erkenntnissen der vergangenen hundert Jahre auseinandersetzen und immer wieder
prüfen, inwiefern sie uns helfen können, Strukturen unseres
Denkens zu ändern. Objektivität, Materie, das Baukastenprin-
zip und unser uneingeschränkter Glaube an die Wissenschaft
werden uns dabei weiterhin beschäftigen.

Vielleicht noch eines, was Sie vorab wissen sollten: Es geht
nicht darum, sich neues Wissen anzueignen, es ist auch nicht
wichtig, jede Einzelheit zu verstehen! Viel wichtiger ist es, ab
und zu Pausen zu machen. Manchmal kann es hilfreich sein,
nur einen kleinen Abschnitt zu lesen. Nehmen Sie sich die
Zeit, die Sie brauchen, um das Gelesene aufnehmen zu können und mit Ihrem Alltag in Verbindung zu bringen.

Die Welt mit Gedankenexperimenten aus den Angeln heben

Da die Materie zum Grundbaustein unserer Wirklichkeit geworden ist, ist die Frage, woraus sie nun eigentlich besteht und welche Eigenschaften sie hat, für unser Weltbild entscheidend. Verschiedene naturwissenschaftliche Disziplinen arbeiten seit langem daran, diese Frage immer detaillierter zu beantworten. Um noch besser beobachten zu können, was sich innerhalb von einzelnen Atomen abspielt, müssen immer feinere Messgeräte entwickelt werden.

Bevor aber diese immer feineren Geräte entwickelt sind, arbeiten die Physiker mit so genannten Gedankenexperimenten. Sie suchen in ihrem Geist nach physikalischen Theorien und den entsprechenden mathematischen Formeln, die alle bislang beobachteten Phänomene erklären können und die voraussagen, welche Phänomene man in Zukunft beobachten wird. Sie verändern bislang anerkannte physikalische Gesetze im Geiste und überprüfen, ob dadurch gedankliche Widersprüche entstehen. Mit den mathematischen Formeln berechnen sie im Voraus, welche zukünftigen Experimente nach ihrer Theorie zu welchen Ergebnissen führen müssten. Erst danach versuchen sie ihre Theorie experimentell zu überprüfen. Oft dauert es Jahrzehnte, bis die Fortschritte im Bereich der Messtechnologie es erlauben, die Theorien zweifelsfrei zu bestätigen oder zu widerlegen.

Welche Messgeräte gebaut werden, hängt allein von den Ergebnissen der Gedankenexperimente ab. Die Messungen beantworten nur die Fragen, die wir uns zuvor im Geiste gestellt haben. Die entscheidenden Fortschritte im Bereich der

Physik werden demnach im Denken gemacht. Nur wer in der Lage ist, kollektive Gedankenformen über Bord zu werfen, kann wirklich Neuland betreten. Revolutionen im Bereich der Wissenschaft entstehen immer durch einen Fortschritt in der Flexibilität des Denkens.

Zu Beginn des 20. Jahrhunderts gab es gleich zwei solcher Revolutionen: die Quantenmechanik und die Relativitätstheorie.[*] Sie veränderten unser Verständnis der kleinsten Materieteilchen und der größten Zusammenhänge des Universums so grundlegend, dass das physikalische Fundament unseres Weltbildes Risse bekam. Die bis dahin für allgemeingültig gehaltene Newton'sche Physik – die unser Alltagsverständnis von Materie prägt – ist in beiden Theorien nur noch als physikalischer «Grenzfall» enthalten. Sie gilt lediglich unter ganz speziellen Bedingungen. Innerhalb der kleinsten und größten Dimensionen unserer Welt und des Universums gilt sie nicht.

Vielleicht haben Sie keinerlei Ahnung von Newton'scher Physik und vielleicht haben Sie noch nicht einmal Interesse daran, mehr darüber zu erfahren, und eigentlich müssen Sie das auch nicht. Es gibt da nur ein kleines Problem. Was ich Newton'sche Physik nenne, hat nichts mit irgendwelchen Schulbüchern zu tun und auch nur sehr entfernt etwas mit Ihrem Kopf. Es sitzt in Ihren Knochen. Es ist so sehr Teil unserer kollektiven Gedankenformen, dass es sich längst im Gedächtnis unserer Zellen abgelagert hat. Selbst wenn wir nichts

* Genau genommen gibt es zwei Relativitätstheorien, die allgemeine und die spezielle. Während die **spezielle Relativitätstheorie** (1905) das seltsame Verhalten von Raum und Zeit beschreibt, führt die **allgemeine Relativitätstheorie** (1916) das Phänomen der Schwerkraft auf ein Zusammenwirken von Raum, Zeit und Körpern von großer Masse (z. B. Planeten) zurück. Ich verwende im Folgenden nur noch den Begriff **Relativitätstheorie**.

davon wissen, wissen wir alles darüber. Und was noch schlimmer ist, wir glauben daran, auch dann, wenn wir noch nie etwas davon gehört haben. Und wir halten diesen Glauben für die Wirklichkeit.

Wenn wir also daran festhalten, unser Haus, unser Auto oder unseren Körper für eine Ansammlung von Atomen zu halten, die irgendwie zu einer stabilen Form verbunden wurden, verhalten wir uns wie Kinder, die sich nicht vorstellen können, dass es eine Welt gibt, die außerhalb ihres Dorfes liegt. Wir weigern uns, die Grenzen dieses Dorfes zu überschreiten und Neuland zu betreten. Das Dorf ist der Raum, den wir kennen und in dem wir uns sicher fühlen. Es ist, wie die Newton'sche Physik, ein ziemlich begrenztes Territorium. Es gab eine Zeit, in der es alles enthielt, was wir zum Leben brauchten: durchschaubare Naturgesetze, unerschöpfliche Bodenschätze, fruchtbare Erde und kontrollierbaren Handel. Doch diese Zeit ist vorüber. Die Vorräte des Dorfes sind aufgebraucht.

Aber glücklicherweise gibt es auch außerhalb des Dorfes eine Welt. Es ist eine Welt mit anderen Gesetzen und anderen Schätzen, eine Welt mit winzig kleinen und riesengroßen Dimensionen, eine Welt, die uns bereichern und erschüttern kann. Doch keine Angst: Ihr Dorf wird dabei nicht verloren gehen. Materie bleibt weiterhin das, was Sie anfassen können. Sie wird lediglich unendlich nach innen und unendlich nach außen erweitert. Sie wird beweglich und veränderbar.

Die Quantenphysik wird uns helfen, die Grenzen des Dorfes nach innen zu verschieben, ins Innerste unseres Körpers, ins Innerste der Natur. Sie wird uns zeigen, dass dort unendliche Möglichkeiten verborgen liegen. Sie beschreibt das Verhalten der Materie auf atomarer und subatomarer Ebene in einer Weise, die unseren bisherigen Vorstellungen völlig widerspricht. Die Relativitätstheorie wird uns auf unserer Reise nach außen ins Universum begleiten. Sie wird unser Verständnis von Raum und Zeit verändern.

Albert Einstein konnte seine Relativitätstheorie nur deshalb entwickeln, weil er in der Lage war, die bislang selbstverständlichen physikalischen Größen von Raum und Zeit infrage zu stellen. Die klassische Physik glaubte, Raum und Zeit seien absolute Größen, die überall und für alle gleichermaßen gelten. Sobald wir uns auf eine bestimmte Maßeinheit geeinigt hätten, könnten wir den Abstand zwischen zwei Punkten aus jeder Perspektive genau bestimmen und erhielten immer dasselbe Ergebnis. Genauso – so glaubte man – müsse die Zeit – auf der Grundlage eines einheitlichen Messsystems – an jedem Ort und aus jeder Perspektive des Universums im gleichen Rhythmus ablaufen. Wenn wir uns mit konstanter Geschwindigkeit fortbewegen, müssten wir demnach ganz einfach berechnen können, wie lange wir brauchten, um irgendwo im Universum von A nach B zu gelangen.

Albert Einstein hat jedoch herausgefunden, dass dem nicht so ist. Selbst wenn wir uns auf eine Maßeinheit geeinigt haben, sind Raum und Zeit keine absoluten Größen. Die Abstände in Raum und Zeit verändern sich, wenn wir uns mit großer Geschwindigkeit fortbewegen. Auf einer Uhr, die sich in einem Raumschiff mit hoher Geschwindigkeit fortbewegt, vergeht die Zeit langsamer als die auf der Erde gemessene. Auch die Masse riesiger Planeten beeinflusst die Zeit.

Wenn wir also auf der Erde mit jemandem, der sich in einem solchen Raumschiff im All befindet, verabredeten, zu einer bestimmten Uhrzeit aneinander zu denken, würde das niemals gleichzeitig sein. Denn so etwas wie Gleichzeitigkeit existiert nur, wenn wir uns in der gleichen Perspektive befinden. Was aus einer Perspektive der jetzige Augenblick ist, ist aus einer anderen Perspektive bereits Vergangenheit und liegt aus einer dritten Perspektive in der Zukunft. Nur wenn wir uns am gleichen Ort mit der gleichen Geschwindigkeit fortbewegen, leben wir in derselben Zeit.

Das erscheint uns außerordentlich seltsam. Raum und Zeit sind die Koordinaten, anhand derer wir uns in unserem Alltag orientieren. Wir glauben, dass eine Minute eine Minute ist und ein Meter ein Meter, ganz gleich, ob sie sich nun in Bewegung befinden oder nicht. Raum und Zeit definieren die Ausmaße unseres universalen Baukastens. Die Vorstellung, sie könnten sich verschieben oder gar nicht wirklich existieren, raubt uns unser gesamtes Orientierungssystem. Es gibt uns Sicherheit zu glauben, dass dieses Bezugssystem an jedem anderen Ort des Universums genauso gültig ist.

Dass sich bis heute – abgesehen von einigen Physikern – nur wenige Menschen mit der Relativitätstheorie auseinandersetzen, liegt nicht allein an ihrer komplexen mathematischen Form. Es liegt vor allem daran, dass sie unser Denksystem genauso aus den Angeln hebt, wie Immanuel Kant das bereits am Ende des 18. Jahrhunderts mit der «Kritik der reinen Vernunft» getan hat. Während Kant mit philosophischen Methoden gezeigt hat, dass Raum und Zeit lediglich Formen sind, mit denen wir unsere Wahrnehmungen strukturieren, hat Albert Einstein mit naturwissenschaftlichen Methoden dargelegt, dass Raum und Zeit nur als relative Parameter dienlich sind. Er hat mathematische Formeln entwickelt, die zeigen, wie sich Raum und Zeit unter verschiedenen Umständen zueinander verhalten. Mit diesen Formeln sind inzwischen so viele Naturereignisse exakt vorausberechnet worden, dass sie zu den am besten bewiesenen Theorien der Physikgeschichte zählen. Zahlreiche technische Entwicklungen, wie beispielsweise die GPS-Ortungssysteme, könnten ohne die Relativitätstheorie nicht so präzise arbeiten. Würden die Satelliten beim Aussenden ihrer Signale die Einstein'schen Theorien nicht berücksichtigen, lieferten sie uns falsche Ortsbestimmungen.

Wenn wir gedanklich zulassen, dass Raum und Zeit zu beweglichen Größen werden, wird uns zunächst einmal schwindelig. Und vielleicht können wir dann auch verstehen, wie viel Mut und geistige Freiheit es erfordert, grundlegende Maßeinheiten eines Weltbildes ins Wanken zu bringen. Es ist gut zu wissen, dass auch die großen Philosophen und Physiker Augenblicke hatten, in denen sie das zulassen konnten, und andere Augenblicke, in denen sie gewohnte Ideen nicht aufgeben und ihr Weltbild um jeden Preis erhalten wollten. Albert Einstein hatte die geistige Größe, Raum und Zeit als naturwissenschaftliche Parameter wirklich infrage zu stellen. Was sein Weltbild erschütterte, waren die Theorien der Quantenphysik. Andere Physiker hängen an anderen Ideen und entwickeln die erstaunlichsten Theorien, um sie nicht aufgeben zu müssen. Doch darauf werden wir an anderer Stelle zurückkommen. Im Augenblick ist es lediglich wichtig zu wissen, wie viel geistige Beweglichkeit es erfordert, die Welt mit anderen Augen zu sehen. Und es ist wichtig zu wissen, wie viel Glück wir haben, dass andere diesen Weg vor uns gegangen sind.

Die Theorie der Quantenphysik und die Relativitätstheorie, d. h. die Theorien vom innersten und äußersten Bezugspunkt unseres Dorfes, sind bislang unvereinbar. Beide Theorien wurden mehrfach experimentell bestätigt und haben viele technische Fortschritte ermöglicht, und doch widersprechen sie sich. Es ist noch nicht gelungen, die Realität der kleinsten Teilchen mit der Realität des gesamten Universums in Einklang zu bringen. Wir leben also derzeit ohne ein einheitliches physikalisches Fundament! Aus naturwissenschaftlicher Perspektive wissen wir nicht mehr genau, was real ist und was nicht.

Das mag verwirrend sein, doch eigentlich ist es ein riesiger Vorteil. Es nimmt uns eine wichtige und schwierige Entscheidung ab. Wir haben nicht die Wahl, ob wir unser Verständnis von Wirklichkeit überdenken wollen oder doch lieber beim Alten bleiben. Und wir haben nicht die Wahl, ob wir selber denken oder das Denken doch lieber den Naturwissenschaftlern überlassen wollen. Denn sie haben uns derzeit keine einheitliche Lösung anzubieten. Was sie uns anzubieten haben, sind viele Lösungen und viele Inspirationen. Und gerade die Vielfalt dieser Lösungen wird uns helfen, unsere Gedankenformen in Bewegung zu bringen. Ihre Gedankenexperimente werden auch unsere Welt aus den Angeln heben.

Es scheint also, als sei noch eine weitere Revolution des Denkens gefordert, bis wir als Gesellschaft zu einem neuen einheitlichen Weltbild finden. Zur Vorbereitung darauf müssen wir uns bewusst werden, dass die mechanische Baukasten-Welt, in der wir zu leben glauben, bereits seit 80 Jahren keine physikalische Grundlage mehr hat. Diesen Schritt haben wir jetzt gemacht. Wagen wir es also, die Bahnen der uns vertrauten Gedankenformen zu verlassen und wahrzunehmen, wie sich die Welt derzeit zeigt.

Materie spricht!

Die Frage, was denn Materie nun eigentlich sei, ist eng mit einer weiteren Frage verknüpft, der Frage nach der Beschaffenheit und Funktion des Lichts. Betrachten wir Materie als Arrangement von undurchdringlichen Bausteinchen, gibt es kaum ein Phänomen, das ihr so wenig gleicht wie das immaterielle und gewichtslose Licht. Und doch war es die Erforschung des Lichts, die uns dem Wesen der Materie näher gebracht hat als je zuvor.

Der Quanten- und Biophysiker Fritz Albert Popp hat Mitte der 1970er Jahre an der Universität Marburg zweifelsfrei experimentell nachgewiesen, dass jedes Lebewesen und jede organische Zelle ein schwaches Licht abstrahlt. Dieses Licht könnte die Kommunikation innerhalb der Zellen eines Organismus steuern. Popp hält es für möglich, dass viele Krankheiten, wie beispielsweise auch Krebs, durch eine Störung innerhalb dieses Kommunikationssystems hervorgerufen werden könnten. Es müssten dann nicht nur bösartige Zellen entfernt, sondern vor allem das interzelluläre Kommunikationssystem wiederhergestellt werden, sodass sich jede einzelne Zelle über die richtigen Informationen regenerieren könnte. Wie das im Einzelnen zu bewerkstelligen wäre, weiß noch niemand, denn die Forschung ist auf diesem Gebiet weniger weit fortgeschritten, als das möglich wäre.

Die Entdeckung der sogenannten Biophotonenstrahlung

hätte bereits 1975 einen entscheidenden Wandel im Verständnis von organischer Materie einleiten können. Sie hätte dazu führen können, dass organische Materie nicht mehr als mechanischer Baukasten betrachtet wird, sondern als lebendiger Organismus, dessen Einzelteile durch ein vitales Kommunikationssystem miteinander verbunden sind. Doch dazu kam es nicht. Fritz Albert Popp wurde stattdessen von der Universität Marburg als Spinner dargestellt und verlor seine Professur. Es wurden sogar Gerüchte in die Welt gesetzt, es gäbe Gutachten, die nahelegten, dass dieser Mann in die Psychiatrie eingewiesen werden müsse. Das materialistische Baukasten-Weltbild vieler Forscher wurde durch die Entdeckungen Fritz Albert Popps bedroht. Doch er hatte zu diesem Zeitpunkt bereits genügend Beweise für seine Theorien gesammelt. Er fand private Geldgeber, die ihm ermöglichten weiterzuforschen.

Inzwischen wird die Biophotonenstrahlung weltweit anerkannt. Man nennt sie ultraschwache Zellstrahlung. Entstehung und Funktion der Biophotonen sind aber längst nicht vollständig erforscht. Viele Wissenschaftler kritisieren deshalb noch immer die These der zellulären Informationsübertragung durch Licht, und Popp kämpft weiter um öffentliche Anerkennung. Wie so oft in der Geschichte der Wissenschaft kann es noch viele Jahre dauern, bis dieser Streit beigelegt wird.* Fritz Albert Popp hat unterdessen Geräte entwickelt, mit denen er die Qualität und Frische von Nahrungsmitteln

---

* Erst dann werden wir diese Phänomene vollständig verstehen, einordnen und vielleicht auch nutzen können. Derzeit untergraben auch Hersteller zweifelhafter Geräte zur Gesundheitspflege immer wieder die Glaubwürdigkeit von Popps Thesen. Sie benutzen den Begriff der Biophotonenstrahlung, um ihre Produkte zu bewerben. Ob die Biophotonenstrahlung irgendwann tatsächlich zur Gesundheitsförderung eingesetzt werden kann, ist noch nicht geklärt. Doch es lohnt sich mit Sicherheit, weiter zu forschen.

anhand der Analyse ihrer Lichtstrahlen bestimmen kann.[1] Berühmtestes Beispiel ist die Analyse der Lichtstrahlen von Eiern. Untersucht wurden Eier aus Freiland und Käfighaltung. Die Eier stammten von Hühnern gleicher Rasse, die mit gleicher Nahrung gefüttert wurden. Die Inhaltsstoffe von solchen Eiern unterscheiden sich nicht. Anhand der Biophotonenstrahlung konnten sie jedoch eindeutig voneinander unterschieden werden. Die Lichtabstrahlung der Freiland-Eier war wesentlich größer als die der Käfig-Eier. Dieses Verfahren könnte bereits in naher Zukunft zur Qualitätsbestimmung von Nahrungsmitteln eingesetzt werden. Es zeigt eindeutig, dass die Vorstellung von der Natur als Baukasten zu kurz greift. Die Eier wiesen trotz der exakt gleichen Inhaltsstoffe signifikante Unterschiede auf.

Was hat die Lichtstrahlung der Nahrungsmittel zu bedeuten? Licht ist ein sichtbares, aber immaterielles Phänomen. Es ist in der Lage, eine große Menge von Informationen zu transportieren. Wir nehmen also mit der Nahrung nicht nur Vitamine, Spurenelemente und Verbrennungsmaterialien auf, sondern auch Informationen von lebendigen Organismen. Der Quantenphysiker und Nobelpreisträger Erwin Schrödinger ging davon aus, dass wir unseren Körper durch die Nahrung mit Informationen über vitale Ordnungssysteme versorgen. Fritz Albert Popp ist der Auffassung, dass wir über die Lichtinformationen gesunder Lebensmittel kontinuierlich die Ordnung unseres eigenen Organismus wiederherstellen und unser interzelluläres Kommunikationssystem aufrechterhalten. Wir ernähren uns also letztlich nicht nur von Materie, sondern vor allem auch von Licht.

Die Vorstellung, eine Karotte könnte unserem Körper ohne

unser Wissen Informationen zukommen lassen, mag seltsam sein. Dass Organismen über Licht eigenständig Informationen austauschen können, wäre allerdings nur eine der seltsamen immateriellen Eigenschaften der belebten Materie. Wenn wir den Bereich der biologischen Organismen verlassen und in das winzige Universum der subatomaren Physik eintauchen, wird das, was wir Materie nennen, immer unfassbarer. Unser Baukasten wird lebendig.

Bevor wir jedoch diesen lebendigen Baukasten kennenlernen, von dem wir selbst ein Teil sind, wenden wir uns erneut unserem Verständnis von Wissenschaft zu. Wir haben bereits gesehen, dass auch Naturwissenschaft nicht neutral ist, weil sie durch ihre Art, Fragen zu stellen und die Welt zu betrachten, längst eine Wahl getroffen hat. Sie hat die Wahl getroffen, die Welt unter dem Blickwinkel der stabilen Materie und mit der Geisteshaltung der Objektivität zu betrachten. Sie hat die Wahl getroffen zu glauben, dieser Blickwinkel und diese Geisteshaltung hätten keinen Einfluss auf ihre Ergebnisse. Sie hat die Wahl getroffen, so zu tun, als sei der Wissenschaftler nicht Teil der Welt, die er betrachtet. Und wir haben die Wahl getroffen, ihr bedingungslos zu glauben. Der folgende Abschnitt soll Sie ermuntern, damit in Zukunft etwas vorsichtiger zu sein.

Vom Nutzen und Nachteil wissenschaftlicher Studien

Die Geschichte von Fritz Albert Popp hat deutlich gezeigt, dass wissenschaftliche Forschung von vielen allzu menschlichen Faktoren abhängig ist. Ob jemand einen Lehrstuhl erhält, ob er Forschungsgelder zur Verfügung gestellt bekommt, ob seine Ideen Anklang finden, hat nicht immer mit der Qualität der Forschungsergebnisse zu tun. Ergebnisse, die an einem Weltbild rütteln, haben wesentlich geringere Chancen, wissenschaftlich anerkannt zu werden als Einsichten, die ein gültiges Weltbild stützen und verfeinern. Der russische Wissenschaftler Alexander Gurwitsch vermutete beispielsweise bereits in den 1930er Jahren, dass Zellen über Lichtinformationen kommunizieren. Auch er wurde trotz zahlreicher Beweise nicht ernst genommen. In der wissenschaftlichen Forschungsgeschichte lassen sich viele solcher Beispiele finden. Einige davon sind mit menschlichen Tragödien verknüpft. Wichtige Entdeckungen können oft über Jahrzehnte nicht verfolgt werden, weil andere Wissenschaftler das verhindern. Was uns als «wissenschaftlich erwiesen» präsentiert wird, ist auch das Ergebnis eines wissenschaftsinternen Auswahlprozesses, dessen machtpolitische Spielregeln wir im Einzelfall nicht kennen.

Selbstverständlich haben die meisten Naturwissenschaftler ein aufrichtiges Interesse daran, das Wesen der Natur zu erforschen. Doch ist es wichtig zu wissen, dass die Antworten, die sie erhalten, jeweils vom Versuchsaufbau, von der Art ihrer Fragen und der Interpretation der Daten abhängen. Eine wissenschaftliche Studie muss sich auf wenige präzise Fragestellungen beschränken. Wenn jemand die Inhaltsstoffe von Eiern verschiedener Haltungsformen vergleicht, wird er nicht herausfinden, dass sich die Eier aufgrund der Biophotonenstrahlung unterscheiden lassen. Wenn wir die Biophotonenstrahlung untersuchen, wissen wir noch nichts darüber, wie sich dieses Licht im Einzelnen auf unseren Organismus auswirkt. Je komplexer ein Phänomen, desto schwerer lässt es sich wissenschaftlich untersuchen. Man kann beispielsweise nicht herausfinden, ob sich die menschliche Integrität eines Arztes auf die Heilung seiner Patienten auswirkt, weil sich menschliche Integrität nicht messen lässt.

Bei statistischen Aussagen ist besondere Vorsicht geboten. Wenn Ihnen gesagt wird, ein bestimmtes Medikament erhöhe Ihre Heilungschancen um 50 Prozent, dann könnte das heißen, dass von 100 Patienten, die dieses Medikament erhalten haben, drei geheilt wurden, während von 100 Vergleichspatienten, die das Medikament nicht eingenommen haben, nur zwei geheilt wurden. Drei Geheilte sind dann 50 Prozent mehr als zwei Geheilte, wobei Sie nicht wissen, wie es den restlichen 97 bzw. 98 Patienten erging. Vielleicht war die Lebensqualität der 98 Patienten, die kein Medikament eingenommen haben, wesentlich höher als die der 97 Patienten, die nicht geheilt wurden, aber trotzdem die Nebenwirkungen des Präparates in Kauf nehmen mussten. Zudem wäre es möglich, dass die drei Personen, die durch das Medikament geheilt wurden, eine völlig andere körperliche Grundkonstitution besitzen als Sie selbst.

Die Naturwissenschaftler Hans-Peter Beck-Bornholdt und Hans-Hermann Dubben haben in ihren Büchern «Der Hund, der Eier legt» und «Der Schein der Weisen» auf desillusionierende Weise dargelegt, dass die meisten statistischen Aussagen der Wissenschaft völlig unbrauchbar sind. Trotzdem werden sie häufig von Medizinern als Behandlungsgrundlage genutzt. Es ist deshalb sinnvoll, jeder wissenschaftlichen Studie, aus der sich Handlungsanweisungen ergeben, mit großer Skepsis und gesundem Menschenverstand zu begegnen. Wer hat die Studie in Auftrag gegeben? Wonach wurde genau gefragt? Welche Fragen wurden beiseite geschoben und welche realen Zahlen verbergen sich hinter den prozentualen Durchschnittswerten? Welche Personengruppen wurden in die Studie miteinbezogen, über welchen Zeitraum hat sie sich erstreckt und wie hoch war die Datenbasis? Wenn Sie das alles nicht herausfinden können, sollten Sie der Studie nicht mehr Bedeutung zumessen als dem Tageshoroskop aus Ihrer Fernsehzeitschrift.

Mit Theorien zur physikalischen Grundlagenforschung verhält es sich ein wenig anders. Sie versuchen, wesentliche Grundphänomene der Natur so gut wie möglich zu beschreiben, und haben keinen unmittelbaren praktischen Nutzen. Ob sie sich durchsetzen oder nicht, hängt neben der Akzeptanz durch andere Wissenschaftler auch davon ab, ob sie zukünftigen Experimenten standhalten. Was in Gedankenexperimenten erprobt wurde, muss sich in physikalischen Versuchsreihen mit Messgeräten bewähren. Jede Theorie gilt nur so lange, bis sich Phänomene zeigen, die neue Theorien erfordern.

Da wir alles, was wir sehen und wahrnehmen, nach bestimmten Mustern ordnen, interpretieren und bewerten, entscheidet jedoch auch hier unsere geistige Beweglichkeit darüber, welche Phänomene sich uns zeigen können. Was wir heute für objektive wissenschaftliche Wahrheiten halten, ist deshalb nur so lange gültig, bis sich unser Denk- und Wahrnehmungsspektrum erweitert hat. Was uns als selbstverständliche und unumstößliche Tatsache gilt, ist nur eine Möglichkeit, mit der Welt und den Dingen eine Erfahrung zu machen. Keine physikalische Theorie ist endgültig, aber jede Theorie, die uns neue Möglichkeiten des Denkens und der Wahrnehmung eröffnet, ist eine Bereicherung.

Die Summe aller wissenschaftlichen Tatsachen ergibt mit Sicherheit nicht das, was wir Wirklichkeit nennen. Dennoch helfen uns gute wissenschaftliche Theorien, bestimmte Muster im Gewebe der Wirklichkeit zu erkennen. Die Quantentheorie gehört sicherlich dazu. Sie hilft uns zu verstehen, wie unauflöslich materielle und immaterielle Phänomene miteinander verwoben sind, und sie zwingt uns, unser materielles Weltbild zu überdenken. Die Ergebnisse der Quantenphysik werden uns vor Augen führen, dass es kaum etwas Immaterielleres gibt als die Materie.

Ich werde im Folgenden ein physikalisches Experiment beschreiben, das zu einem der wichtigsten Experimente der Quantenphysik wurde: das Doppelspaltexperiment. Wenn Sie sich etwas Zeit nehmen, dieses Experiment zu verstehen, kann Ihre Auseinandersetzung mit der Quantenphysik zu der entscheidenden Lockerungsübung für Ihr Denkvermögen werden.

Die seltsame Doppelnatur von Licht und Materie

Isaac Newton nahm im 17. Jahrhundert an, dass das Licht aus winzigen Teilchen besteht, die unser Auge treffen und so verschiedene Bilder hervorrufen. Zur gleichen Zeit waren andere Physiker davon überzeugt, das Licht sei die Wellenbewegung einer feinen unsichtbaren Materie. Diese unsichtbare Materie nannten sie Äther. Es gab für beide Theorien gute Argumente. Beide erklärten alle bis dahin bekannten Phänomene des Lichts. Da Isaac Newton jedoch bereits zu seiner Zeit der bekannteste und bedeutendste Physiker war, setzte sich seine Theorie durch. Die Welt glaubte, dass Licht aus winzigen Partikeln besteht. Bis zu Beginn des 19. Jahrhunderts der englische Arzt und Hobbyphysiker Thomas Young ein Experiment vorstellte, das man mit Newtons Teilchentheorie nicht mehr erklären konnte. Dieses einfache Experiment hat die Wissenschaftsgeschichte verändert. Es hat die Kraft, auch unsere Gedankenformen in Bewegung zu bringen.

Thomas Young schickte einen Lichtstrahl durch eine senkrecht stehende Platte mit zwei waagerechten schmalen Schlitzen. Hinter diese stellte er eine Fotoplatte, die die Lichtteilchen auffangen sollte. Er erwartete – nach Newtons Theorie –

Versuchsaufbau:
Doppelspaltexperiment

auf der Photoplatte zwei helle Flecken, dort wo die Lichtteilchen die Schlitze passiert hatten. Als würde man weiße Farbbeutelchen durch zwei Schlitze auf eine Wand werfen. Die meiste Farbe würde dann direkt hinter den Schlitzen auf der Wand auftreffen und zwei große Flecken hinterlassen. Einige Spritzer wären auch rechts und links zu finden. Stattdessen jedoch zeigte sich auf der gesamten Platte ein Muster aus hellen und dunklen Streifen.

Erwartetes Ergebnis   Tatsächliches Ergebnis

Wie konnte es zu einem solchen Muster kommen? Verdeckte man während des Experiments einen der beiden Schlitze, sah man auf der Photoplatte tatsächlich einen hellen Fleck, dort wo das Licht den offenen Schlitz passiert hatte.

Nur ein Spalt geöffnet

Das Licht reagierte offenbar anders als Farbbeutel! Schickte man es durch zwei Schlitze, erzeugte es ein Muster, schickte man es durch einen Schlitz, erzeugte es einen Fleck. Es verhielt sich nicht wie etwas, was aus normalen Teilchen zusammengesetzt ist.

Das Muster aus hellen und dunklen Streifen wies darauf hin, dass Newtons Teilchentheorie falsch war. Es konnte nur erklärt werden, wenn man annahm, dass das Licht sich in Form einer Welle fortbewegte. Wenn eine Welle die beiden Schlitze passiert, teilt sie sich in zwei Wellen, die sich dann hinter der Platte gegenseitig beeinflussen. In der Sprache der Physik heißt dieses Phänomen Interferenz.

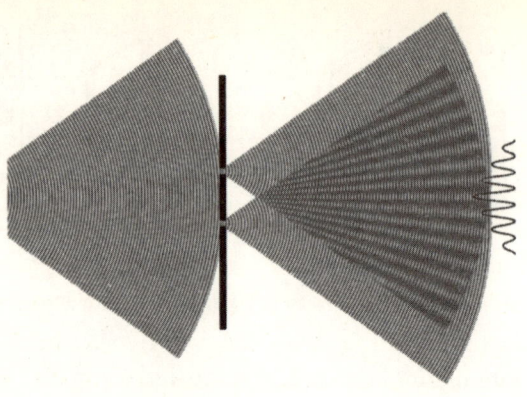

Illustration des Interferenzphänomens

Wenn zwei Wellen nebeneinander schwingen und aufeinander treffen, addieren sie an manchen Stellen ihre Schwingung, an anderen Stellen löschen sie sich gegenseitig aus. Sie stoßen sich gegenseitig an und schwingen sich noch höher hinauf oder aber bremsen sich ab, je nachdem wie sie gerade aufeinander treffen.

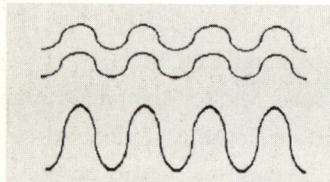

Phasengleich:
Wellenkämme und -täler fallen
zusammen und verstärken sich

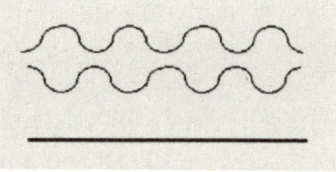

Phasenverschoben:
Wellenkämme und -täler heben sich
auf

Genau das konnte man auf der Photoplatte beobachten: Wo sich die Wellenschwingungen addiert hatten, gab es helle Streifen, wo sie sich ausgelöscht hatten, waren dunkle Streifen zu sehen. Man kann sich die Lichtwellen wie Wasserwellen vorstellen, die sich über die gesamte Wasserfläche ausbreiten. Wenn wir beispielsweise einen Stein in einen See werfen, bildet sich um den Stein ein kreisförmiges Wellenmuster. Werfen wir in der Nähe dieses Musters einen zweiten Stein in den See, bildet sich ein weiteres Wellenmuster. Wo die beiden Wellenkreise sich begegnen, bilden sie ein neues Muster, das den hellen und dunklen Streifen auf der Photoplatte entspricht. Schwingen die Wellen in die gleiche Richtung, verstärken sie sich gegenseitig, schwingen sie in entgegengesetzte Richtungen, löschen sie sich aus.

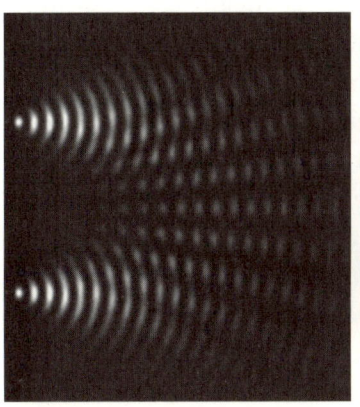

Computersimulation des Doppelspaltexperiments

Photoplatte Vorderansicht

Da uns der Anblick von Wasserwellen vertrauter ist als der von Lichtwellen, kann man sich auch vorstellen, die Trennwand mit den zwei Schlitzen in eine Badewanne einzuziehen und auf einer Seite einen Stein hineinzuwerfen. Die Wasserwellen breiten sich aus, bis sie auf die beiden Schlitze treffen. Dort teilen sie sich und passieren die Schlitze als zwei getrennte Wellenbewegungen. Auf der anderen Seite der geteilten Badewanne interagieren die beiden Wasserwellen dann wieder miteinander, verstärken sich oder löschen sich aus. Wenn Sie nicht damit vertraut sind, sich naturwissenschaftliche Experimente vorzustellen, kann es auch hilfreich sein, das Verhalten der Wellen einfach an einem See zu beobachten. Werfen Sie zwei Steine und sehen Sie was passiert.

Dass Licht nicht aus Teilchen, sondern aus Wellen besteht, ist für Sie vermutlich keine Neuigkeit. Es ist genau das, was die meisten von uns schon in der Schule gelernt haben. Doch leider ist es nicht ganz so einfach. Denn Newton hatte sich nicht geirrt, und all die anderen hatten ebenfalls recht. Das Licht besteht aus Teilchen, die sich manchmal wie Wellen verhalten, oder auch aus Wellen, die sich gelegentlich wie Teilchen benehmen. In unserer Vorstellung ist das kein allzu großes Problem. Wir denken uns eine Welle, die aus Einzelteilchen zusammengesetzt ist. Doch leider lässt sich eine Welle nicht auseinandernehmen und zusammensetzen. Sie ist ein einheitliches und kontinuierliches Phänomen. Wenn man sie teilt, wird sie zu einer anderen Welle, aber niemals zu einem Teilchen.

Wie kann das Licht also aus Wellen und Teilchen bestehen? Diese Frage wird uns noch lange beschäftigen. Wir werden sehen, dass nicht nur das Licht, sondern auch die Materie sich manchmal wie Teilchen und manchmal wie Wellen verhält: unser Tisch, unser Stuhl, unser Körper. Alles, was wir sehen, und alles, was wir anfassen können, ist paradox.

Dieses Experiment enthält den Schlüssel zu einem anderen Weltbild. Es lohnt sich deshalb, sich einen Augenblick Zeit zu nehmen, um es wirklich zu verstehen. Später wurde es in erweiterter Form zu einem Grundlagenexperiment der Quantenphysik, einem Experiment, das Geheimnisse offenbart hat, die die Kraft haben, unser Denken ganz grundlegend zu verändern.

Wenn wir anfangen, sie ernst zu nehmen, wird unsere Welt nie mehr so erscheinen wie zuvor. Dieses Experiment gehört nicht der Vergangenheit an. Es ist Bestandteil aktuellster Forschungen und es gibt den Physikern immer noch Rätsel auf. Wir werden diese Rätsel nicht lösen können, aber wir werden verstehen lernen, wie diese Rätsel unsere Welt und unser Denken bereichern. So können wir unseren Teil zur Entstehung eines neuen Weltbildes beitragen.

Nachdem sich Thomas Youngs Doppelspaltexperiment verbreitet hatte, wurde Newtons Teilchentheorie des Lichts erst einmal von der Wellentheorie abgelöst. Während Newton annahm, die verschiedenen Farben des Lichtes seien auf verschieden große Lichtteilchen zurückzuführen, glaubte man jetzt, dass sie von unterschiedlichen Wellenlängen des Lichts erzeugt wurden. Die Annahme, dass sich das Licht in Form von Wellen durch den Raum bewegt, war die einzige Möglichkeit, das Streifenmuster zu erklären.

Woraus diese Wellen bestehen, wusste man allerdings noch nicht. Wenn die Luft hin und her schwingt und Wellen erzeugt, entstehen Töne. Was aber schwingt im Falle des Lichts? Damit eine Welle entstehen kann, muss irgendein Medium in Bewegung versetzt werden. Thomas Young glaubte, dass das Licht aus Ätherwellen besteht. Unter «Äther» stellte man sich einen äußerst feinen materiellen Stoff vor, der das ganze Universum durchdringt. Ein feinstoffliches Medium ähnlich der Luft. Dieses Medium war allerdings niemals gesehen oder gemessen worden. Es gab keine Anzeichen dafür, dass es wirklich existierte. Man glaubte an seine Existenz, weil man keine bessere Erklärung für die Wellennatur des Lichtes hatte.

Erst 1846, etwa 40 Jahre nach Youngs Experiment, präsentierte ein anderer Wissenschaftler der Öffentlichkeit eine bessere Lösung. Eine Lösung, die ohne das fiktive Element «Äther» auskam. Der Wissenschaftler war der englische Naturforscher Michael Faraday. Michael Faraday war der Sohn eines einfachen Hufschmiedes, der sich während einer Buchbinderlehre im Selbststudium fortgebildet hatte. Eines Tages entdeckte er, dass es kein materieller Stoff war, dessen Schwingung die Lichtwellen erzeugte, sondern ein gänzlich immaterielles Phänomen: die Schwingung des elektromagnetischen Feldes.

Elektromagnetismus war ein völlig neuer Begriff. Vor Faradays Entdeckung hatte man Elektrizität und Magnetismus für zwei getrennte Phänomene gehalten. Dass sie gemeinsam ein immaterielles Feld erzeugen können, war eine revolutionäre Idee.

Faraday hatte festgestellt, dass sich elektrischer Strom erzeugen lässt, wenn man einen Magneten in einer Drahtspule hin und her bewegt, ohne dass der Magnet die Spule physisch berührt. Daraus entwickelte er die Theorie des elektromagnetischen Feldes, die später von einem anderen Physiker mathematisch bewiesen wurde, von James Clerk Maxwell. Im Unterschied zu Faraday war Maxwell ein guter Mathematiker. Er konnte zeigen, wie sich elektrische und magnetische Felder durch ihr Zusammenspiel als Welle im Raum fortpflanzen können. Er entwickelte mathematische Gleichungen, mit denen man vorausberechnen konnte, auf welche Weise und mit welcher Geschwindigkeit sich die Welle im elektromagnetischen Feld fortbewegt.

Man kann sich kaum vorstellen, wie revolutionär dieser Gedanke im 19. Jahrhundert war. Faraday hatte ihn bereits viele Jahre überprüft, bevor er 1846 wagte, ihn der Öffentlichkeit zu präsentieren. Die Physiker dieser Zeit gingen davon aus, dass das gesamte Universum mit winzigen Materieteilchen angefüllt war, die rein mechanisch aufeinander einwirkten. Dass das Universum von einem immateriellen Kraftfeld durchzogen sein sollte, ging ihnen wirklich zu weit. Es dauerte weitere 40 Jahre, bis sich Faradays Ansichten durchsetzen konnten.

Doch bereits zu Beginn des 20. Jahrhunderts zeigte sich, dass auch Faradays Idee von einer Wellenbewegung im elektromagnetischen Feld nicht alle Lichtphänomene erklären konnte. Es war Max Planck, der im Jahre 1900 die Idee der Lichtteilchen wieder ins Spiel brachte. Nicht deshalb, weil er glaubte, dass Faraday unrecht hatte, sondern weil er für ein bestimmtes physikalisches Phänomen einfach keine andere Lösung fand. Das Phänomen waren die Strahlen, die von erhitzten Körpern ausgesandt wurden.

Man konnte mithilfe von Maxwells Gleichungen und den Gesetzen der Thermodynamik berechnen, mit welcher Frequenz und Stärke sich die Strahlen von den erhitzten Körpern ausbreiten mussten. Leider stimmten die errechneten Ergebnisse überhaupt nicht mit den Messergebnissen überein. Man konnte die Messergebnisse nur erklären, wenn man annahm, dass sich das Licht nicht in kontinuierlichen Wellenbewegungen im Raum ausbreitete, sondern in kleinen Paketen von ganz bestimmter Größe. Man musste davon ausgehen, dass der Körper die elektromagnetische Lichtstrahlung in getrennten Schüben oder Päckchen abstrahlte. Diese winzigen Lichtpakete oder Lichtteilchen nannte Max Planck Quanten. Später nannte man sie Photonen.

Nun gab es also einerseits Lichtphänomene, die man nur erklären konnte, wenn man annahm, das Licht breite sich als Wellen aus. Andererseits gab es Phänomene, die ganz eindeutig darauf hinwiesen, dass sich das Licht in Form von Teilchen fortbewegt. War das Licht nun eine Welle im elektromagnetischen Feld oder bestand es aus Teilchen? Beides zugleich konnte unmöglich sein, und doch war es nicht möglich, sich für eines von beiden zu entscheiden. Dieses Paradox machte die Physiker ratlos. Sie versuchten es auf allen möglichen Wegen zu umgehen, aber sie fanden keine Lösung.

1915 wiederholte man das Doppelspaltexperiment Youngs in abgewandelter Form. Man schickte anstatt größerer Mengen von Lichtstrahlen einzelne Photonen durch den Doppelspalt. Man reduzierte den Lichtstrahl so sehr, dass immer nur ein Lichtpaket auf der Reise war. Erst wenn es angekommen war, wurde das nächste Photon abgeschickt. Nach unserer klassischen physikalischen Vorstellung muss sich das Photon entscheiden, durch welchen Spalt es zur Photoplatte reisen will. Es kann nur einen Weg nehmen. Man wiederholte das Experiment viele Male und erwartete, dass sich auf der Photoplatte hinter den beiden offenen Spalten helle Flecken bildeten, dort wo die Photonen aufgetroffen waren. Am Anfang waren auch einzelne helle Punkte zu sehen. Als genügend Photonen abgeschickt waren, bildete sich jedoch dasselbe

Muster aus hellen und dunklen Streifen, das bei Youngs Experiment zu der Annahme geführt hatte, dass sich das Licht in Wellen fortbewegt. Man hatte das Licht als Teilchen abgeschickt und es war als Welle angekommen. Was war in der Zwischenzeit passiert?

Die hellen und dunklen Streifen sind ein Zeichen dafür, dass sich verschiedene Wellen gegenseitig beeinflusst haben (Interferenz). Nun hatte man aber eindeutig einzelne Teilchen abgeschickt, und zwar so, dass sie sich gegenseitig noch nicht einmal begegnet sein konnten. Man konnte sich unmöglich vorstellen, wie ein einzelnes Teilchen gleichzeitig durch zwei verschiedene Spalte gereist sein soll, um dann mit sich selbst zu interferieren.

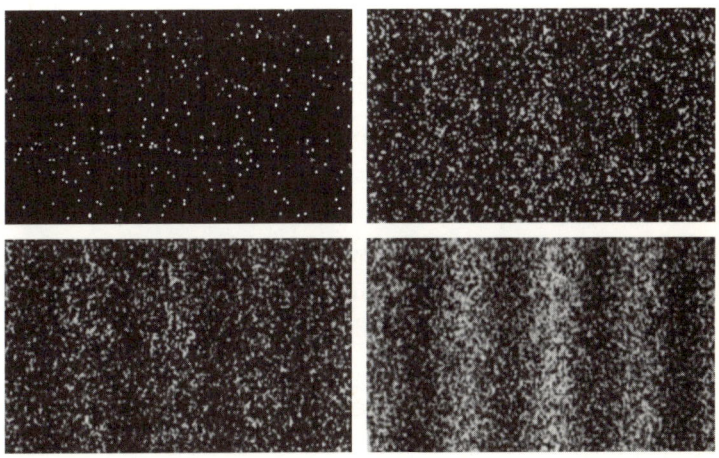

Ergebnisse eines Doppelspaltexperimentes: Nach und nach entstehen Interferenzstreifen

Also brachte man an den Spalten Detektoren an, um festzustellen, durch welchen Spalt ein Photon gereist war und wann es den Spalt passiert hatte. Als man das Experiment mit eingeschalteten Detektoren wiederholte, verschwanden die Interferenzstreifen. Auf dem Bildschirm waren lediglich zwei helle Flecken zu sehen.

Das war nun wirklich eine Sensation. Wenn man die Teilchen beim Durchgang durch die Spalte beobachtete, verhielten sie sich wie Teilchen, waren die Detektoren ausgeschaltet, verhielten sie sich wie Wellen. Der Vorgang der Beobachtung musste das Licht in irgendeiner Weise beeinflussen. Die Photonen schienen zu wissen, wann sie beobachtet wurden.

Das neue Doppelspaltexperiment hatte das Rätsel um die Natur des Lichts noch vergrößert. Hatten diese Teilchen ein Bewusstsein? Reagierten sie auf unser Bewusstsein? Hatte man irgendetwas übersehen? Oder waren sie etwas völlig anderes, als man bislang angenommen hatte?

Als man dann später feststellte, dass man dasselbe Experiment nicht nur mit Photonen, d. h. Lichtteilchen, sondern auch mit Materieteilchen wie Elektronen, Protonen oder gar ganzen Atomen durchführen konnte, war die Verwirrung perfekt. Auch Materieteilchen verhielten sich abwechselnd wie Wellen oder Teilchen, je nachdem ob man sie dabei beobachtete oder nicht.

Dass der Prozess der Beobachtung das Experiment beeinflusste, brachte die Grundfesten der naturwissenschaftlichen Methode ins Wanken. Ein naturwissenschaftliches Experiment soll die objektive Welt beobachten, so wie sie wirklich ist, ob wir ihr nun dabei zusehen oder nicht. Was hier auf dem Spiel stand, war das Paradigma der objektiven Welt und damit unser gesamtes naturwissenschaftliches Weltbild: der Glaube daran, dass wir unabhängige Beobachter einer objektiven Wahrheit sind, einer Wahrheit, die selbstverständlich messbar ist, denn sonst wäre sie nicht real. Was auf dem Spiel stand, war der Glaube daran, dass die Dinge eine fest umrissene und klar definierbare Natur haben: entweder immaterielle Welle oder materielles Teilchen, aber niemals beides zugleich.

Ein Materieteilchen zeichnet sich dadurch aus, dass man es von allen anderen Materieteilchen unterscheiden kann. Man könnte ihm einen Namen geben und seinen Weg verfolgen. Ein Teilchen ist ein einzelnes abgeschlossenes Individuum. Auch wenn alle Materieteilchen genau gleich gebaut wären, hätte jedes seine klaren Grenzen und seine individuelle Geschichte. Wenn sich ein materielles Teilchen nun in eine immaterielle Welle verwandelt, dann verliert es seine Konturen. Eine Welle ist nicht an einen Ort gebunden, sie verbreitet sich im Raum. Verwandelt sich die immaterielle Welle wieder in ein materielles Teilchen, dann weiß man noch nicht einmal mehr, ob es sich noch um dasselbe Teilchen handelt. Das Teilchen hat seine Identität verloren, wir können seine individuelle Geschichte nicht mehr nachvollziehen, sie ist untrennbar mit dem Schwingungszustand der ganzen Welle verbunden.

Wenn wir nun die Teilchen, aus denen die ganze Welt und auch wir selbst bestehen, nicht mehr voneinander unterscheiden können, wie sollen wir dann die Vorstellung einer klar definierbaren objektiven Welt aufrechterhalten? Die Antwort ist ganz einfach: Wir können es nicht.

Bis heute haben die Quantenphysiker keine einheitliche

Erklärung für die seltsame Natur der Materie und des Lichts.[*]
Sie birgt das Geheimnis der unauflösbaren Zusammengehörigkeit des Einzelnen mit dem Ganzen, des Begrenzten mit dem Unbegrenzten, des Materiellen mit dem Immateriellen. Es wurden viele originelle Erklärungsmodelle entwickelt. Manche Physiker versuchen, das Phänomen durch Hilfskonstruktionen wieder in die klassische Physik einzugliedern, andere wagen es wirklich, neu und paradox zu denken.

Wir werden im Folgenden einige dieser Physiker und ihre Erklärungsmodelle kennenlernen. Denn auf lange Sicht haben diese Erklärungsversuche Auswirkungen, die unseren Alltag unmittelbar betreffen. Sie werden von unterschiedlichen Gedankenformen hervorgebracht und stützen jeweils ein anderes Weltbild. Alle Erklärungen sind auf ihre Art schlüssig. Sollte sich eine davon irgendwann durchsetzen können, dann sicher nicht deshalb, weil sich alle anderen eindeutig als falsch erwiesen haben. Wie wir bereits gesehen haben, gibt es viele Gründe, warum sich bestimmte Theorien zu bestimmten Zeiten durchsetzen können. Nicht alle sind rein wissenschaftlicher Art.

Es kann also für uns gar nicht darum gehen herauszufinden, welche Erklärung nun der «objektiven Wahrheit» entspricht. Das würde ohnehin lediglich bedeuten, dass wir nach

---

[*] Es gibt zwar eine einheitliche mathematische Theorie, die alle Phänomene beschreibt, die von Elementarteilchen oder Lichtteilchen verursacht werden, doch kein einheitliches Verständnis dessen, was diese Theorie für unser Weltbild bedeutet. Die Theorie der kleinsten Teilchen heißt **«Quantenelektrodynamik»**. Sie wurde bereits in den 1940er Jahren entwickelt.

der Theorie suchen, die unsere gewohnten Gedankenformen am ehesten bestätigt. Es geht vielmehr darum, uns bewusst zu machen, wie die einzelnen physikalischen Modelle unser Weltbild beeinflussen und wie weit wir selbst in der Lage sind, anders zu denken. Denn im Augenblick ist wirklich alles offen: sowohl unsere physikalische Grundlage als auch unser Weltbild. Das ist eine außergewöhnliche Chance. Die Menschen der vergangenen Jahrhunderte hatten sie nicht. Wir sollten es uns deshalb nicht nehmen lassen, uns durch unser Mitdenken an der Entstehung des Weltbildes zu beteiligen, das möglicherweise das Leben vieler Generationen bestimmen wird.

4

Ein stimmiges Weltbild finden

«Wohl keine Entwicklung in der modernen Wissenschaft hatte das menschliche Denken nachhaltiger beeinflusst als die Geburt der Quantentheorie. Jäh wurden die Physiker eine Generation vor uns aus jahrhundertealten Denkmustern herausgerissen und fühlten sich zur Auseinandersetzung mit einer neuen Metaphysik aufgerufen. Bis zum heutigen Tage währen die Qualen, die dieser Prozess der Neuorientierung bereitete. Im Grunde genommen haben die Physiker einen schweren Verlust erlitten: Sie verloren ihren Halt an der Realität.»

BRYCE DEWITT / NEILL GRAHAM, QUANTENPHYSIKER

Mythen der Moderne

Die Pioniere der Quantenphysik haben Erstaunliches geleistet. Sie waren in der Lage, gegen ihre eigenen Überzeugungen anzudenken und sich in den Grundfesten ihrer Weltsicht erschüttern zu lassen. Wir begleiten sie auf ihrer Suche nach Erklärungen, um unsere eigenen Denkgewohnheiten zu überprüfen. Welche Modelle erscheinen uns einleuchtend und welche abwegig? Wie verändern die einzelnen Erklärungsversuche unser Weltbild? In welcher dieser Welten würden wir am liebsten leben?

Wir können die mathematischen Grundlagen der einzelnen Modelle nicht überprüfen, doch es ist wichtig zu wissen, dass auch für ausgebildete Physiker persönliche Vorlieben oder Abneigungen darüber entscheiden, welche Erklärung den Vorzug erhält.

Wir haben lange geglaubt, die griechischen Göttersagen seien aus Mangel an naturwissenschaftlichem Wissen entstanden. Hätte man schon damals von elektrischen Ladungen gewusst, wäre man niemals auf die Idee gekommen, einen Blitze schleudernden Gott zu erfinden. Wir waren als Gesellschaft überzeugt, dass Mythen nach und nach durch Wissen ersetzt werden müssen. Naturwissenschaftliches Wissen schien uns das Gegenteil eines Mythos zu sein. Wer Fakten hat, braucht keine Geschichtenbildung. Doch inzwischen ist deutlich geworden, dass neutrale Fakten nicht existieren.

Die Welt ist keine objektive Tatsache, sondern ein dynamisches Gefüge von Beziehungen. Unsere Art, die Welt wahrzunehmen und zu beschreiben, spiegelt den Charakter dieser Beziehungen wider. Die Sprache der modernen Physik stellt uns also lediglich abstraktere Gleichnisse zur Verfügung, gleichsam Mythen der Moderne.

Wir müssen uns abgewöhnen, diese Gleichnisse für Vorboten des Wissens zu halten, für Annäherungen an eine objektive Wirklichkeit, denn auch was wir als objektive Wirklichkeit bezeichnen, ist lediglich eine Art, mit der Welt in Beziehung zu treten. Der Mythos der Objektivität hat ihr in den vergangenen Jahrhunderten einen nüchternen Charakter gegeben.

Die Welt, in der wir leben, ist nicht vollständig definiert. Sie existiert nicht unabhängig von unserer Beziehung zu ihr. Es liegt an uns, sie zu gestalten. Woran wir in Zukunft glauben werden und welche der vielen möglichen Geschichten wir als Gesellschaft wählen, um unserer Welt für die kommenden Jahrhunderte ein Gesicht zu geben, ist noch offen. Die folgenden Erklärungsmodelle geben uns verschiedene Möglichkeiten an die Hand.

Hat Materie wirklich Substanz?

Während die Pioniere der Quantenphysik über mögliche Deutungen der geheimnisvollen Experimente nachdachten, wurden weitere mathematische Grundlagen der neuen Theorie entdeckt. Der Wiener Physiker Erwin Schrödinger, der damals in Zürich forschte, entwickelte 1925 eine mathematische Gleichung, mit der man berechnen konnte, wie sich eine «Teilchen-Welle» im Laufe der Zeit ausbreitet und verändert.[*] Ein Jahr später entdeckte der Göttinger Physiker Max Born, dass man anhand von Schrödingers Wellengleichung erkennen konnte, mit welcher Wahrscheinlichkeit ein Teilchen zu einer bestimmten Zeit an einem bestimmten Ort anzutreffen war. Das Problem der Welle-Teilchen-Doppelnatur war damit allerdings lediglich mathematisch gelöst.

Schrödinger war überzeugt, dass die Wellen, deren Entwicklung seine Gleichungen beschrieben, so etwas wie «Materiewellen» waren. Materiewellen sind Wellen irgendeiner materiellen Substanz, die sich unter Einfluss eines elektromagnetischen Kraftfeldes wellenartig fortpflanzt. Warum man diese Wellen nicht beobachten durfte, während sie sich fortpflanzten, d. h. warum sie sich wie Teilchen verhielten, wenn man sie beobachtete, wusste er allerdings nicht.

[*] Diese Gleichung wurde zu einer der wichtigsten der modernen Physik. Man kann damit Vorhersagen über das Verhalten von Atomen machen oder über physikalische Systeme wie Halbleiter oder Laser. Die gesamte Computertechnologie wäre ohne die Schrödingergleichung nicht denkbar. 1933 hat **Erwin Schrödinger** dafür den Nobelpreis erhalten.

Max Born hielt nichts von Schrödingers Materiewellen. Er nahm an, dass die Wellen gar keine materielle Substanz hatten, sondern lediglich die wellenartige Entwicklung von Möglichkeiten beschrieben. Was sich wellenartig fortpflanzte und veränderte, war nur die Wahrscheinlichkeit, ein bestimmtes Teilchen zu einer bestimmten Zeit an einem bestimmten Ort anzutreffen. Denn genau diese Wahrscheinlichkeit war es ja, die man mit seiner Gleichung berechnen konnte. Für ihn waren die Wellen also gar keine «wirklichen» Wellen, sondern lediglich Wellen von Möglichkeiten. Wirklich waren nur die Teilchen, die Welle war die Möglichkeit eines Teilchens, sich zu einer bestimmten Zeit an einem bestimmten Ort aufzuhalten. Wie es allerdings möglich war, dass eine Welle, die gar nicht wirklich existierte, ein Teilchen zu einem ganz bestimmten Ort auf einem Bildschirm tragen konnte, damit dort ein bestimmtes Muster entstand, konnte er nicht erklären. Genauso wenig wie die Tatsache, dass die Beobachtung des Teilchens das Wellenmuster zum Verschwinden brachte.

Die Vorstellung von Wellen, die physisch nicht existieren und die dennoch eine physische Auswirkung haben sollen, scheint zunächst einmal reichlich seltsam. Vor allem innerhalb eines naturwissenschaftlichen Weltbildes, in dem die Frage, ob etwas wirklich existiert, darauf abzielt, ob es materiell nachweisbar ist. Was wirklich existiert, muss auch messbar sein. Innerhalb dieses Weltbildes sind Existenz und Materie ein und dasselbe.

Der naturwissenschaftliche Geist ist lediglich dazu da, die Gesetze der materiellen Wirklichkeit zu erfassen. In der Physik werden diese Gesetze in Form von abstrakten mathematischen Gleichungen festgehalten. Die Gleichungen sind jedoch nur ein technisches Hilfsmittel, um mit der materiellen Wirklichkeit arbeiten zu können, d. h. um vorauszuberechnen, wie sich die Materie verhalten wird. Die Mathematik ist die Sprache der Physik. Eine mathematische Gleichung beschreibt nur die Wirklichkeit, ist aber selbst nicht materiell wirklich. Wie soll also ein mathematisches, d. h. rein geistiges Prinzip direkte physische Auswirkungen haben? Für Erwin Schrödinger war dieser Vorschlag Max Borns jedenfalls schlichtweg absurd. Aber es gab einen anderen Physiker, der ihn für durchaus bedenkenswert hielt. Sein Name war Niels Bohr.

Niels Bohr forschte in Kopenhagen. Er war ein überaus aufgeweckter und kommunikativer Geist, und er suchte nach einer befriedigenden Möglichkeit, die Quantenphänomene wirklich zu verstehen. In vielen Gesprächen war er im Laufe der Jahre zusammen mit anderen Physikern zu der Überzeugung gelangt, dass das, was innerhalb der Atome geschah, mit unseren üblichen physikalischen Begriffen nicht zu erfassen war. Er ahnte, dass es sich dabei nicht um objektive, in Raum und Zeit ablaufende Prozesse handelte.

Im Jahre 1926 lud er Erwin Schrödinger nach Kopenhagen ein, um mit ihm über die Deutung des Wellenphänomens zu diskutieren. Um es kurz zu machen: Die Diskussionen waren emotional, aufreibend und heftig. Die beiden wurden sich nicht einig. Das lag vor allem daran, dass sie nicht nur physikalisch, sondern auch philosophisch grundverschiedene Ansichten hatten. Erwin Schrödinger zögerte noch, bestimmte Aspekte seines Weltbildes aufzugeben, Niels Bohr war bereit, sie aufs Spiel zu setzen.

Die Kopenhagener Deutung

Grundlagen:

Max Born, Werner Heisenberg und Niels Bohr waren die Ersten, die eine stimmige Deutung der Quantenmechanik vorstellten. Das war im Jahre 1927. Zu dieser Zeit waren die wichtigsten Teile der Quantentheorie schon alle vorhanden. Schrödingers Wellengleichung, Borns Wahrscheinlichkeitsinterpretation, Heisenbergs Unschärferelation und Niels Bohrs Prinzip der «Komplementarität».

Dieses Prinzip besagt, dass Wellen- und Teilchennatur verschiedene Perspektiven ein und desselben Geschehens sind, die sich gegenseitig ergänzen, die aber niemals gleichzeitig beobachtet werden können. Dem Anschein nach sind sie verschieden, so wie zwei Seiten einer Münze. In Wirklichkeit ergänzen sie einander und bilden ein Ganzes. Erst wenn wir die beiden sich widersprechenden Seiten nebeneinander gelten lassen, erfassen wir das ganze Phänomen. Weil es sich bei Wellen- und Teilchenaspekten um Eigenschaften handelt, die sich gegenseitig ausschließen, d. h. komplementär zueinander verhalten, nennt Niels Bohr seinen Gedanken «Komplementarität».

Dass er dieses Prinzip in die exakte Naturwissenschaft einführte, öffnete Türen zu einem neuen Verständnis der Welt. Beobachtungen, die früher als Tatsachen verstanden wurden, als exakte Beschreibungen einer objektiven Welt, wurden jetzt als «Aspekte der Wahrnehmung» betrachtet. Sie waren das, was man in diesem Augenblick beobachten und erkennen konnte – nicht mehr und nicht weniger. Man wurde sich darüber bewusst, dass jedes Phänomen auch eine abgewandte

Seite hatte, die der gerade beobachteten widersprach und die nicht gleichzeitig gemessen werden konnte. Mit dem Gedanken der Komplementarität wurde die Paradoxie als wesentlicher Teil der naturwissenschaftlichen Realität anerkannt. Die Physik hatte eine eindeutig philosophische Komponente erhalten. Sie war – wie Werner Heisenberg es ausdrückte – weiter und großzügiger geworden.[1] Und genau dadurch wurde es möglich, die bereits bekannten Phänomene der Quantenphysik erstmals zusammenhängend zu deuten. Da dieser Deutung viele Gespräche vorausgingen, die meistens bei Niels Bohr in Kopenhagen stattfanden, nannte man sie die Kopenhagener Deutung. Die Kopenhagener Deutung gilt bis heute als die Standardinterpretation der Quantentheorie.

Aspekte der Kopenhagener Deutung

Wahrscheinlichkeitswellen sind mathematische Gesetze, die unsere physische Realität beeinflussen

Grundlage dieser Interpretation war Max Borns Gedanke der Wahrscheinlichkeitswellen. Wenn wir ein einzelnes Elektron durch den Doppelspalt schicken, wissen wir nicht, welchen Weg es nehmen und an welcher Stelle es auf dem Bildschirm erscheinen wird. Es verhält sich wie ein einzelnes unabhängiges Teilchen. Je mehr Elektronen wir durch den Doppelspalt schicken, desto deutlicher zeichnet sich jedoch das wellentypische Interferenzmuster ab. Zuerst sieht man nur einzelne helle Flecken, aber nach und nach formieren sie sich zu hellen und dunklen Streifen.

Mit Schrödingers Wellengleichung können wir lediglich

die Wahrscheinlichkeit berechnen, mit der ein einzelnes Teilchen an einer bestimmten Stelle auftreffen wird. Es gibt Stellen, an denen die Wahrscheinlichkeit, das Teilchen anzutreffen, sehr hoch ist. Das einzelne Elektron kann jedoch genauso gut an einer Stelle auftreffen, für die die Wahrscheinlichkeit sehr niedrig ist. So wie wir auch im Lotto gewinnen können, selbst wenn wir nur ein einziges Mal gespielt haben. Es ist unwahrscheinlich, aber möglich. Der Clou an Wahrscheinlichkeitsaussagen ist ja, dass sie sich auf eine große Anzahl von Fällen beziehen. Im Einzelfall regiert immer der Zufall, aber im großen Ganzen lässt sich eine gewisse Ordnung erkennen.

Wahrscheinlichkeitsaussagen sind ein typisches Beispiel für Niels Bohrs Gedanken der Komplementarität. Sie vereinen die widersprüchlichen Prinzipien von Freiheit und Notwendigkeit in einem einzigen System. Nachdem wir eine große Menge von Elektronen durch den Doppelspalt geschickt haben, werden wir an Stellen mit hoher Wahrscheinlichkeit viele Teilchen finden, an Stellen mit geringer Wahrscheinlichkeit wenige Teilchen. Jedes einzelne Teilchen hat die Freiheit, zu erscheinen, wo es will, in der Masse versammeln sich die Teilchen nach den Gesetzen der Wahrscheinlichkeit.

Teilchen und Wellen sind verschiedene Aspekte eines Gesamtsystems

Das Doppelspaltexperiment hat gezeigt, dass die Teilchen miteinander in Verbindung stehen, auch wenn sie einzeln losgeschickt werden. Der Versuchsaufbau scheint ein zusammenhängendes System zu sein, dem alle Teilchen angehören. Es sei denn, sie werden dadurch vom System getrennt, dass sie als Einzelne beim Durchgang durch den Doppelspalt beobachtet werden. Geschieht das nicht, sind sie auf geheimnisvolle Weise Teil eines Ganzen.

Der Wellencharakter des Lichts und der Materie ist demnach an einen größeren Zusammenhang gebunden, der sich völlig verändert, wenn er in Einzelteile zerlegt wird. Je nachdem, welche Form der Beobachtung wir wählen, sehen wir ein Einzelnes oder das Ganze. Wenn wir keine Detektoren am Doppelspalt anbringen, wissen wir nur, dass ein Elektron abgeschickt wurde und dass sich auf dem Bildschirm ein heller Fleck gebildet hat. Wo sich das Elektron in der Zwischenzeit befunden hat, wissen wir nicht.

Elementarteilchen sind keine kleinen Gegenstände

Wir stellen uns das Elektron als ein Materiekügelchen vor, das durch den leeren Raum fliegt, bevor es irgendwo ankommt. Unser Weltbild sagt uns, dass sich dieses Kügelchen kontinuierlich in Raum und Zeit fortbewegt, bis wir es erneut beobachten. Genau hier setzt die Kopenhagener Deutung an. Woher wissen wir denn, dass das Elektron, während wir es nicht beobachten, immer noch als objektive Tatsache unserer materiellen Welt existiert? Genau genommen wissen wir das nicht, wir stellen es uns nur so vor. So wie wir uns vorstellen, dass unser Küchenschrank auch nachts in der Küche steht, während wir in unserem Bett liegen und schlafen. Dass er genauso groß ist und genau die gleiche Farbe hat wie am Tag. Oder dass unser eigener Körper existiert, während wir bewusstlos sind. Wir verlassen uns darauf, dass die Gegenstände der objektiven Welt mit ihren klar definierten Eigenschaften unabhängig von unserem Bewusstsein existieren. Und die kleinsten Teilchen halten wir für genau solche Gegenstände in Kleinformat. Auch sie – so glauben wir – haben klar definierte Eigenschaften, ob wir sie nun gerade beobachten oder nicht.

Um die Kopenhagener Deutung verstehen zu können, müssen wir dieses Weltbild für einen Augenblick beiseite schieben. Niels Bohr, Max Born und Werner Heisenberg gingen davon aus, dass es sinnlos ist, von physikalischen Phänomenen zu sprechen, die wir gar nicht beobachten können. Wenn wir beim Doppelspaltexperiment das Wellenmuster beobachten, können wir nicht gleichzeitig wissen, welchen Weg ein einzelnes Teilchen nimmt. Also stellten sie sich diesen Weg durch Raum und Zeit erst gar nicht vor. Sie beschränkten sich bei ihrer Interpretation auf das, was sie beobachten konnten: das wellenartige Hell-dunkel-Muster (Interferenz) und die Verteilung der Teilchen nach den Regeln der Wahrscheinlichkeit. Daraus ergibt sich, dass der Weg eines jeden Teilchens aus der Überlagerung aller möglichen Wege besteht, die sich nach den Regeln der Wahrscheinlichkeit ergeben können. Das Materieteilchen existiert im Augenblick der Abreise und im Augenblick der Ankunft, dazwischen gibt es nur eine Welle von Möglichkeiten, eine Welle der Wahrscheinlichkeit. Die Welle der Wahrscheinlichkeit ist keine materielle Welle, sie ist als mathematisches Gesetz eine geistige Welle. Das Teilchen ist ein momentaner Ausdruck eines geistig-physischen Gesamtkomplexes. Es existiert nur, wenn es gemessen wird, erst dann erhält es spezifische individuelle Eigenschaften, davor existiert es nur als Welle sich überlagernder Möglichkeiten.

Der Übergang von der Welle zum Teilchen wird durch den Messvorgang ausgelöst

Wenn wir eine Messung vornehmen, kollabiert die Welle der Möglichkeiten zu einer spezifischen materiellen Wirklichkeit mit klar definierten Eigenschaften. Die Kopenhagener Deutung spricht dann vom Zusammenbruch der Wellenfunktion. Die Wellenfunktion bricht zusammen, wenn der Aufbau des Experimentes erlaubt, den Weg eines Teilchens zu beobachten. Sobald diese Möglichkeit besteht, verhält sich das Elektron als Einzelteilchen mit individuellen Eigenschaften. Es muss sich für einen Weg durch einen der beiden Spalte entscheiden und kann nicht wie eine Welle beide Spalte gleichzeitig passieren und mit sich selbst interagieren.

Interessanterweise erhalten wir auch dann kein Interferenzmuster, wenn wir den Detektor zwischen dem Doppelspalt und dem Bildschirm platzieren, d. h. wenn die Messung erst vorgenommen wird, wenn das Teilchen den Doppelspalt längst durchquert hat. Auch dann nicht, wenn wir uns erst kurz vor der Messung entscheiden, den Detektor einzuschalten. Das zeigen Experimente, bei denen man die Entscheidung so lange hinauszögert, bis das Teilchen den Doppelspalt bereits entweder als Welle oder als Teilchen durchlaufen haben muss.[*] Bleibt der Detektor ausgeschaltet, gibt es ein Interferenzmuster, wird er eingeschaltet, gibt es keines.

---

[*] Inzwischen wurde in zahlreichen Experimenten bewiesen, dass die Vorstellung, ein Photon könne den Doppelspalt nur entweder als Welle oder als Teilchen durchqueren, nicht haltbar ist. Dennoch entspricht diese Vorstellung immer noch dem, was wir im Alltag als «gesunden Menschenverstand» bezeichnen.

Das Verhalten des Teilchens am Doppelspalt hängt also davon ab, ob wir es beobachten werden oder nicht, selbst wenn wir das noch gar nicht wissen. Unsere Entscheidung hat einen Einfluss darauf, wie sich ein Teilchen in der Vergangenheit verhalten haben wird. Die Beobachtung führt den Zusammenbruch der Wellenfunktion herbei, ganz egal zu welchem Zeitpunkt wir die Möglichkeit ergreifen. Raum und Zeit spielen dabei keine Rolle. Es ist nicht so, dass wir die Vergangenheit verändern können, sondern so, dass auf der Quantenebene die Vergangenheit bis zum Augenblick unserer Messung noch gar nicht als definiertes Ereignis stattgefunden hat. Bis dahin überlagern sich alle möglichen Wege, die das Teilchen genommen haben könnte. Alle diese Wege existieren als Möglichkeit.

Das hat mit der spezifischen Offenheit von Quantensystemen zu tun. Wie Heisenbergs Unschärferelation gezeigt hat, gibt es innerhalb von Quantensystemen immer einen gewissen Grad von Unbestimmtheit. Wenn wir uns das Elektron als Teilchen vorstellen, das sich auf einer bestimmten Bahn kontinuierlich durch Raum und Zeit bewegt, ist das völlig undenkbar. Für eine mathematische Wellenfunktion, die sich außerhalb von Raum und Zeit auf allen möglichen Bahnen gleichzeitig bewegt, ist das kein Problem. Sich diese Welle vorzustellen ist allerdings nicht möglich, da jede Vorstellung an die Grundprinzipien der Anschauung – Raum und Zeit – gebunden ist. So wie jedes andere geistige Prinzip können wir die Welle von Möglichkeiten denken, aber nicht messen oder sehen.

Materie entsteht aus dem Zusammenspiel von mathematischen Gesetzen und menschlichem Bewusstsein

Die Kopenhagener Deutung führt ein vollständig immaterielles Element in die Welt der Physik ein, und zwar nicht als mathematische Hilfskonstruktion, sondern als Teil der Realität. Sie beschreibt die Materie als immaterielle Bewegung sich überlagernder Möglichkeiten, die erst durch unsere Aufmerksamkeit eine physische Form erhalten. Diese Deutung verändert unser Weltbild, weil sie den Begriff der Materie um eine geistige Komponente erweitert. Wenn die Kopenhagener Deutung zuträfe, dann gäbe es beim Zusammenbruch der Wellenfunktion einen unmittelbaren Zusammenhang zwischen einem mathematischen Prinzip und der materiellen Wirklichkeit des Teilchens, eine direkte Verbindung zwischen Geist und Materie, es gäbe die Möglichkeit der Verwandlung des einen in das andere. Und diese Verwandlung würde durch den Einfluss unseres Bewusstseins herbeigeführt. Vor der Beobachtung existiert das gesamte Experiment als Überlagerung verschiedener Möglichkeiten. Durch die Beobachtung wird eine dieser Möglichkeiten zur materiellen Wirklichkeit. Eine Wahrscheinlichkeitswelle ist eine immaterielle, aber dennoch wirksame Realität.

Wir haben keine Sprache, um diese Phänomene angemessen zu beschreiben

Vielleicht fragen Sie sich jetzt, ob die Urväter der Kopenhagener Deutung das alles wirklich geglaubt haben. Glaubten sie wirklich, dass ein subatomares Teilchen auf der materiellen

Ebene nicht existiert, solange wir es nicht beobachten? Glaubten sie wirklich, dass außerhalb von Raum und Zeit eine äußerst dynamische Ebene von Möglichkeiten existiert, die nach bestimmten Gesetzmäßigkeiten mit unserer physischen Realität korrespondiert? Denn immerhin besteht ja unsere ganze Welt, einschließlich uns selbst, aus diesen Wellen-Teilchen, deren Natur wir uns jetzt nicht einmal mehr vorstellen können.

Dazu lässt sich Verschiedenes sagen. Zunächst einmal waren sie davon überzeugt, dass sich die Eigenheiten der Quantenphysik nicht mit der Sprache der klassischen Physik beschreiben lassen. Sie hatten aber keine andere Sprache, da die Sprache der klassischen Physik die einzige Sprache ist, die wir in den vergangenen 400 Jahren entwickelt haben.[*] Nur diese Sprache betrachten wir als allgemein verständlich. Wir nutzen sie auch im Alltag. Ihr Aufbau, ihre Bilder und Begriffe spiegeln unser Weltbild.

Sprache ist immer Ausdruck eines Weltbildes. Sie beeinflusst die Struktur unseres Denkens. Wenn wir die Sprache der griechischen Göttersagen ins Neuhochdeutsche übersetzen, dann verstehen wir noch lange nicht, was die Menschen damals gedacht haben. Die altgriechische Sprache spiegelt ein völlig anderes Weltbild. Wir müssen uns in dieses Weltbild hineinversetzen können, um zu verstehen, was uns einzelne

---

[*] Einzelne Dichter oder auch Philosophen haben selbstverständlich eine eigene Sprache entwickelt, d. h. eigene Bilder, Begriffe, Satzmelodien und Rhythmen. Mithilfe der Begriffe einiger Philosophen lassen sich auch viele Aspekte der modernen Physik besser beschreiben und verstehen. Zu nennen wären dabei u. a. **Plotin, Leibniz** oder **Spinoza**. Doch ihre Begriffe sind nicht Teil unserer Alltagssprache geworden und stehen uns deshalb nicht unmittelbar zur Verfügung. Hinter jedem ihrer Begriffe steht eine ganze gedankliche Welt. Erst wenn wir uns mit diesen Gedankenwelten vertraut gemacht, sie erforscht und verstanden haben, erleichtern uns die philosophischen Begriffe das Verstehen.

Worte oder ganze Geschichten sagen wollen. Die Bilder, Symbole und Redewendungen, die damals verwendet wurden, Rhythmus, Melodie und Aufbau der Sätze sind Teil eines ganz anderen Verständnisses von Wirklichkeit. Hinter jedem Wort versteckt sich eine Welt.

Unsere Sprache ist durchdrungen von der Vorstellung einer objektiven Welt, die von der Welt der Subjekte getrennt existiert. Sie spiegelt unsere Vorstellung einer klar definierten materiellen Wirklichkeit. Wenn wir von Wellen oder Teilchen sprechen, dann haben wir eine bestimmte Vorstellung von objektiven Sachverhalten, von Dingen, die getrennt von uns existieren.

Die Experimente der Quantenphysik beschreiben jedoch eine Wirklichkeit, die dem nicht entspricht. Für diese Wirklichkeit gibt es noch keine Sprache. Die Quantenphysiker können sich dieser Wirklichkeit lediglich mit den Bildern der klassischen Physik annähern. Deshalb haben sie die Kopenhagener Deutung im Laufe ihres Lebens immer wieder neu und anders formuliert. Manche dieser Formulierungen scheinen sich zu widersprechen, aber letztlich ist es nur das Ringen um Worte für Phänomene, die in unserer Sprache noch keinen Platz haben. Werner Heisenberg formulierte das im Gespräch mit Niels Bohr einmal so:

«Nur dadurch, dass man über die merkwürdigen Beziehungen zwischen den formalen Gesetzen der Quantentheorie und den beobachteten Phänomenen immer wieder mit verschiedenen Begriffen spricht, sie von allen Seiten beleuchtet, ihre scheinbaren inneren Widersprüche bewusst macht, kann die Änderung in der Struktur des Denkens bewirkt werden, die für ein Verständnis der Quantentheorie die Voraussetzung ist.

[...] Die Quantentheorie ist so ein wunderbares Beispiel dafür, dass man einen Sachverhalt in völliger Klarheit verstanden haben kann und gleichzeitig doch weiß, dass man nur in Bildern und Gleichnissen von ihm reden kann.

Die Bilder und Gleichnisse, das sind hier im Wesentlichen die klassischen Begriffe, also auch ‹Welle› und ‹Korpuskel›. Die passen nicht genau auf die wirkliche Welt, auch stehen sie zum Teil in einem komplementären Verhältnis zueinander und widersprechen sich deshalb. Trotzdem kann man, da man bei der Beschreibung der Phänomene im Raum der natürlichen Sprache bleiben muss, sich nur mit diesen Bildern dem wahren Sachverhalt nähern.»[2]

Und Niels Bohr hat in diesem Zusammenhang aus Schillers Gedicht «Spruch des Konfuzius» zitiert:

«Nur die Fülle führt zur Klarheit,
und im Abgrund wohnt die Wahrheit.»

Wenn wir also fragen, ob Niels Bohr, Werner Heisenberg und viele andere Quantenphysiker das alles wirklich geglaubt haben, dann können wir nur antworten, dass sie an etwas geglaubt haben, was wir nicht vollständig in unser gewohntes Weltbild mit unserem gewohnten Verständnis von Wirklichkeit integrieren können.

Im Innersten der Materie liegt eine Schnittstelle zwischen physischer und geistiger Realität

Die Kopenhagener Deutung enthält ein Verständnis von Wirklichkeit, das sowohl das Verständnis der klassischen Physik als auch unser Alltagsverständnis infrage stellt. Sie versteht die Ebene der Möglichkeiten als Teil der Realität und sieht die Materie in organischer Verbindung mit dem menschlichen Bewusstsein und den Gesetzen der Wahrscheinlichkeit.

Wenn wir diese Verbindung wirklich verstehen wollen, müssen wir Formen des Denkens entwickeln, die ihr entsprechen. Materie bewegt sich stets zwischen physischer und geistiger Realität. Um diese Bewegung erfassen zu können, müssen wir unser Weltbild um eine immaterielle Dimension erweitern. Solange wir uns nur auf den physischen Charakter der Materie beziehen, sehen wir lediglich begrenzte, festgelegte Formen von Teilchen, Molekülen, Tischen, Stühlen oder Körpern. Nur der physische Aspekt der Materie ist auf diese Weise bestimmbar. Jenseits von Raum und Zeit ist alle Materie Teil desselben geistigen Prinzips, derselben mathematischen Wellenfunktion. Je nachdem aus welcher Perspektive wir sie betrachten, wird der eine oder andere Teil ihres Wesens sichtbar.

Vielleicht sollten wir hier einen Augenblick innehalten. Was ist das für ein Weltbild, das uns hier angeboten wird? Welche grundlegenden Gedankenformen enthält es und wie könnten diese Gedankenformen unseren Alltag verändern?

Zuallererst ist es eine Welt, in der alles mit allem in Verbindung steht, ohne sich physisch zu berühren und ohne Rücksicht auf Raum und Zeit. Jedes einzelne Element ist unberechenbar und frei, doch gemeinsam bilden sie ein Ganzes, das bestimmten nachvollziehbaren Gesetzen folgt. Es ist eine Welt, in der die Realität aus sichtbaren und unsichtbaren Elementen besteht, aus geistigen Prinzipien und physischen Partikeln, die sich gegenseitig bestimmen und durchdringen. Es ist eine Welt, in der Geist und Materie ein unteilbares Ganzes bilden und in der unser Bewusstsein eine wichtige Rolle spielt.

In dieser Welt ist nicht nur was wir tun von Bedeutung, sondern auch was wir beobachten oder nicht beobachten, was wir denken oder nicht denken, und wie wir uns zu unserer Umgebung in Beziehung setzen. Auf paradoxe und unverständliche Weise ist unser Bewusstsein ein Teil der Materie, und die Materie trägt einen Teil unseres Bewusstseins.

Das beeinflusst nicht nur unser Privatleben oder unsere psychische Verfassung, sondern auch die Erde, auf der wir leben, die Nahrung, die wir zu uns nehmen und vieles mehr. All das können wir derzeit sicher nicht messen. Doch es scheint logisch, wenn wir davon ausgehen, dass sich unser Leben nicht getrennt von den Elementen vollzieht, aus denen wir selbst bestehen. Das Verhalten der kleinsten Teilchen ist das Verhalten unseres Körpers, das Verhalten der Natur, das Verhalten der Materie.

Einige Physiker haben die Kopenhagener Deutung von Anfang an scharf kritisiert. Ihre Kritik galt vor allem der besonderen Bedeutung des Bewusstseins. Dass etwas so Ungreifbares wie Bewusstsein Teil eines physikalischen Systems sein soll, schien ihnen nicht akzeptabel. Ein weiterer Kritikpunkt galt der unbeantworteten Frage, auf welche Weise das seltsame Verhalten der subatomaren Teilchen unsere Alltagswelt oder gar das ganze Universum beeinflusst. Sie suchten deshalb nach anderen Modellen zur Deutung der Quantentheorie, nach Modellen, die ihnen einleuchtender erschienen und angenehmer waren.

Die Viele-Welten-Theorie

1957 entwickelte Hugh Everett eine Interpretation der Quantenmechanik, die ohne den Zusammenbruch der Wellenfunktion auskommt, d. h. ohne die Annahme, dass die Welle zu einem bestimmten Zeitpunkt verschwindet und zu einem Teilchen wird.

Er deutet die Wellenfunktion ebenfalls als Wahrscheinlichkeitswelle, geht aber nicht davon aus, dass sich das Quantensystem im Augenblick der Messung für eine der vielen Möglichkeiten entscheidet. Nach seiner Auffassung teilt sich das Universum in diesem Augenblick in so viele Kopien seiner selbst, dass jede Möglichkeit in einem eigenen Universum verwirklicht werden kann. Wir existieren demnach in unendlich vielen Universen, in unendlich vielen verschiedenen Quantenzuständen. In jedem dieser Universen gehen wir jedoch davon aus, einzigartig zu sein. Die verschiedenen Welten sind lediglich auf der Quantenebene miteinander verflochten. Auf der makroskopischen Ebene, d. h. in unserer Alltagswelt, ist eine Kommunikation unmöglich.

Es gibt großartige und schreckliche Welten, Welten, die sich nur in winzigen Details unterscheiden, und andere, die kaum etwas gemeinsam haben. Die Verzweigung der Welten ist unendlich.

Auch von dieser Theorie gibt es natürlich viele Variationen. Sie unterscheiden sich vor allem in der Definition des Messvorgangs. Wodurch wird eine Weltenteilung ausgelöst? Manche Physiker gehen davon aus, dass jede Wechselwirkung zwischen Atomen eine neue Welt erschafft, andere glauben, dass alle Welten von Anfang an nebeneinander existiert und sich langsam voneinander differenziert haben. Bei dieser Vorstellung handelt es sich genau genommen um eine einzige Welt mit endlosen internen Verzweigungen. Ein Messvorgang auf der Quantenebene bewirkt lediglich eine Differenzierung innerhalb des Ganzen. Der Begründer dieser Deutungsvariante, David Deutsch, hat das in einem Interview so formuliert:

«In der physikalischen Realität entwickeln sich alle Welten gleichzeitig miteinander, wie eine Maschine, deren Zahnräder ineinander greifen – bewegt man eines, bewegen sich auch alle anderen. Die Parallelwelten sind genauso untrennbar miteinander verbunden wie die Welten der Vergangenheit und der Zukunft.»[3]

Es gäbe dann nicht unendlich viele Universen, sondern lediglich verschiedene Möglichkeiten ein und derselben Welt.

Natürlich gibt es auch viele Kritiker dieser Theorie. Sie bemängeln vor allem, dass sie nicht überprüfbar ist, da keine der Welten je von einer anderen Welt etwas wissen kann. Dieses Problem könnte in Zukunft von Quantencomputern gelöst werden, die sich – vereinfacht ausgedrückt – in verschiedene Systeme aufspalten können. Wir könnten dann überprüfen, ob sich unterschiedliche Systeme gebildet haben, die sich selbst für einzigartig halten. Ob sich hinter dieser Hoffnung, die Viele-Welten-Theorie eines Tages überprüfen zu können, ein Denkfehler verbirgt, wird sich allerdings erst zeigen, wenn diese Computer wirklich zur Verfügung stehen. Die Vertreter der Viele-Welten-Theorie setzen darin ihre größten Hoffnungen.

Ein weiterer Einwand gegen die vielen Welten lautet, die Interpretation schleppe zu viel «metaphysischen Ballast» mit sich herum. Es gehört zu den Grundlagen der naturwissenschaftlichen Methode, nur die Ideen einzuführen, die unbedingt notwendig sind, um die Messergebnisse zu verstehen. Was unbedingt notwendig ist, ist natürlich wiederum eine Frage des Weltbildes. Für einige Physiker ist die Vorstellung einer geistigen Realität, die sich nach den Gesetzen der Wahrscheinlichkeit zu einer physischen Realität kristallisiert, weniger akzeptabel als die Vorstellung von unendlich vielen Universen.

Es mag Sie erstaunen, aber diese Interpretation gehört zu den beliebtesten Deutungen der Quantenphysik, nicht nur unter Science-Fiction-Autoren. Das mag vor allem daran liegen, dass sie unserer Wirklichkeit eine neue Note hinzufügt, ohne dass sie den Gedanken einer objektiven Realität infrage stellt. Tatsächlich erlaubt uns diese Theorie, unsere Vorstellung einer objektiven, d. h. beobachterunabhängigen Realität weitgehend beizubehalten: «Mag sein, dass in den anderen Welten andere Gesetze gelten, aber unsere Welt bleibt uns genauso erhalten, wie wir uns das immer schon vorgestellt haben. Es gibt keine Interaktion zwischen Bewusstsein und Materie!» Sich von diesem Gedanken zu verabschieden, wäre für viele Physiker erst dann möglich, wenn es keinen anderen Ausweg mehr gäbe. Solange ihnen die vielen Welten einen Ausweg bieten, ist ihnen diese Vorstellung bedeutend lieber. Sie können unsere Welt mit denselben Augen betrachten wie zuvor und kommen trotzdem nicht in Konflikt mit den experimentellen Ergebnissen der Quantenphysik.

Die Viele-Welten-Interpretation fordert mehr unsere Einbildungskraft heraus als die Struktur unseres Denkens. Es ist verhältnismäßig leicht, sich diese Welten vorzustellen. Während der Gedanke, sich von einer objektiven Realität zu verabschieden, in vielen Menschen Ängste auslöst, verursacht der Gedanke an die vielen Welten oft eine Art Glücksgefühl. Die Welt hat eine neue Farbe bekommen, sie ist lebendig geworden und beginnt an den Rändern zu funkeln.

Im ersten Augenblick scheint es, als habe diese Interpretation der Quantenereignisse keine allzu großen Auswirkungen auf unseren Alltag. Und doch verändert sie unser Weltbild um eine entscheidende Note. Wir wissen nicht, wie die anderen Welten beschaffen sind, wir wissen nicht, wie wir dort aussehen und was wir möglicherweise schon alles angestellt haben. Und vermutlich werden wir es nie erfahren. Aber der Glaube an ihre Realität lässt uns zu etwas anderem werden, zu Wesen, denen viele Möglichkeiten offenstehen: helle und dunkle, anständige und unanständige, schöne und hässliche, langweilige und solche voller Abenteuer. Zu wissen, dass alles, was uns begegnet, in jeder dieser Welten etwas anders erscheint, macht es uns leichter, uns auch in dieser Welt in neuen Zusammenhängen zu sehen.

In unserem jetzigen Weltbild hat diese Fähigkeit einen Namen. Wir nennen sie Fantasie. Fantasie ist etwas für Kinder und Künstlerinnen, für Filmemacher und Romanautorinnen, für Ferien und Unterhaltung, zur Entspannung von dem, was wir die harte Realität nennen. Was also, wenn diese harte Realität viel mehr beinhaltet, als wir für möglich halten? Was, wenn das, was wir Fantasie nennen, realer ist als alles, was wir im Alltag begreifen können?

Lassen Sie die vorgestellten Interpretationen auf sich wirken und seien Sie sich immer bewusst, dass es sich jeweils um Versuche der renommiertesten Wissenschaftler handelt, die beobachteten Phänomene in ein stimmiges Weltbild einzugliedern. Jeder dieser Wissenschaftler wäre froh gewesen, wenn sich eine einfachere Lösung dargeboten hätte, eine Lösung, die mit unserem bisherigen Weltbild in Einklang steht. Doch diese Lösung gibt es nicht.

Beobachten Sie also einfach, welche der bislang vorgestellten Theorien Sie ganz persönlich für die größere Zumutung halten oder ob Sie eventuell sogar beiden etwas abgewinnen können. Ein neues Weltbild kann viele Facetten haben. Wir haben uns lange genug mit allzu wenig zufrieden gegeben. Die stabile Materie war alles, was wir hatten. Kein Wunder also, dass wir versucht haben, wenigstens davon so viel wie möglich zu bekommen. Zufriedener hat es uns nicht gemacht.

Die Theorie der verborgenen Variablen und das Quantenpotenzial

Es gab sehr früh den Versuch, die Quantentheorie auf eher konventionelle Weise zu deuten. 1925 entwickelte der französische Physiker Louis de Broglie den Gedanken der «verborgenen Variablen».

Es wäre ja möglich, dass die subatomaren Teilchen sich deshalb manchmal wie Wellen verhalten, weil sie von einer vor unserem Auge verborgenen Substanz transportiert werden, die die Eigenschaften einer Welle besitzt. Die unsichtbare Welle führt die Teilchen zu ihrem spezifischen Ort auf dem Bildschirm, sodass sich ein wellentypisches Interferenzmuster ergibt. Die Teilchen selbst sind nach dieser Theorie winzige Partikel mit klar definierten Eigenschaften, die sich nach den Gesetzen der klassischen Physik auf einer klar definierten

Bahn durch den Raum bewegen. Sie werden lediglich von einer Leitwelle gesteuert. Die Leitwelle besteht aus einer sehr feinen Substanz, die derzeit noch nicht messbar ist.

Diese Theorie geriet durch unglückliche Umstände sehr schnell ins Abseits. Man glaubte mathematisch bewiesen zu haben, dass sie zu unsinnigen Ergebnissen führt, hatte jedoch lediglich einen Rechenfehler übersehen. Kaum jemand bemühte sich mehr darum, die Leitwellen-Theorie zu verfeinern, und als man viel später tatsächlich durch ein Experiment nachweisen konnte, dass Louis de Broglies Interpretation in ihrer ursprünglichen Form nicht tragfähig war, fühlte man sich bestätigt.[*]

Das Experiment hat gezeigt, dass es zwischen den kleinsten Teilchen auch über große Entfernungen unmittelbare Verbindungen gibt, dass Informationen über weite Distanzen ohne Zeitverzögerung übermittelt werden. Für die Kopenhagener Deutung ist diese Informationsvermittlung kein Problem, da sie davon ausgeht, dass die Teilchen eines gesamten Systems erst im Augenblick der Messung vom Zustand der Möglichkeit in den Zustand der Wirklichkeit übergehen. Die Informationsvermittlung findet jenseits von Raum und Zeit statt. Wenn sich jedoch eine Leitwelle real im Raum ausbreiten muss, braucht sie dafür Zeit. Eine unmittelbare Informationsvermittlung ist so nicht denkbar.

In der Zwischenzeit hatte jedoch ein anderer Physiker eine neue Variante des Leitwellengedankens entwickelt, die dem

[*] Das Experiment war eines der wichtigsten Experimente der Quantenphysik; wir werden es später eingehend betrachten.

neuen Experiment auch mathematisch standhielt. Der Physiker war David Bohm, seine Idee: das Quantenpotenzial.

Das Quantenpotenzial ist eine Art Informationsstruktur, die die kleinsten Teilchen umgibt und leitet. Während die Wahrscheinlichkeitswelle als Feld von Möglichkeiten verstanden wird, ist das Quantenpotenzial ein reales Feld, in dem alle Informationen über das Teilchen und seine Beziehungen zu allen anderen Teilchen gespeichert sind. Wie ein elektromagnetisches Feld ist es immateriell und trotzdem klar definierbar. Es ist jedoch keine klassische physikalische Kraft, die auf das Teilchen einwirkt, sondern das Informationsfeld des Teilchens selbst. David Bohms Theorie geht davon aus, dass man die kleinsten Teilchen nicht von ihrer Umgebung trennen und als unabhängige Einheiten betrachten kann, sie sind «Aspekte einer Gesamtsituation»[4]. Das Quantenpotenzial ist eine Art holographisches Feld, das an jedem beliebigen Punkt das ganze Universum spiegelt. Jedes Elementarteilchen ist über dieses Feld mit allen anderen Teilchen verbunden. Verändert sich der Informationsgehalt an einer Stelle, so überträgt sich dies unmittelbar auf das ganze System. Im Quantenpotenzial jedes einzelnen Teilchens spiegelt sich der Zustand des Ganzen. Jedes Teilchen wird durch die Informationen seines Potenzials geleitet und ist dadurch Teil eines größeren Informationsfeldes.

Die Interferenzstreifen des Doppelspaltexperiments werden dadurch erklärt, dass sich das Quantenpotenzial wellenförmig ausbreitet. Wird eine Messung vorgenommen, stören wir das wellenartige Informationsfeld, und der Inhalt der Welle wird gelöscht. Wie sich diese Information ohne Zeitverzögerung im ganzen Feld ausbreitet, wissen wir allerdings nicht. Die Welle wird jedenfalls leer und ist als Welle nicht mehr nachweisbar. Nach dieser Interpretation existieren Welle und Teilchen gleichzeitig. Im Unterschied zur Kopenhagener Deutung haben sie klar definierte Eigenschaften und bewegen sich auf nachvollziehbaren Bahnen. Es sind lediglich unsere mangelhaften Messvorrichtungen, die verhindern, dass wir diese Bahnen im Einzelnen bestimmen können. Heisenbergs Unschärferelation ist für David Bohm nur ein technisches Problem. Er hat ein mathematisches System entwickelt, das seine Theorie beschreibt und das mit den bisherigen Experimenten der Quantenphysik in Einklang steht. Bislang gibt es zwar keine Möglichkeit, die Existenz des Quantenpotenzials experimentell nachzuweisen, doch David Bohm war der Auffassung, dass man einem neuen Gedanken erst einmal Raum geben muss, damit er sich entfalten kann. Es habe zweitausend Jahre gedauert, bis man die Atomtheorie experimentell bestätigen konnte, und trotzdem habe es sich gelohnt, weiter darüber nachzudenken.[5]

Das Quantenpotenzial scheint eine Möglichkeit zu bieten, unser gewohntes Weltbild wenigstens teilweise beizubehalten. Für David Bohm sind die kleinsten Teilchen materielle Partikel, so wie wir sie uns immer vorgestellt haben. Er unterscheidet jedoch zwischen zwei verschiedenen Zuständen der Materie: Es gibt einen impliziten und einen expliziten Zustand. Der explizite Zustand zeigt die Materie so, wie wir sie kennen: als messbare Teilchen, die in Raum und Zeit lokalisiert sind. Der implizite Zustand hat die Form eines holographischen Codes, der alle Informationen und Möglichkeiten des gesamten physikalischen Systems verschlüsselt enthält. Entstehen und Vergehen von Materie ist damit eine stetige rhythmische Entfaltung und Einfaltung dieses Informationsfeldes. Unsere gewohnte Vorstellung von Materie und damit auch der Realität ist für David Bohm also lediglich der augenblickliche explizite Zustand eines dynamischen Feldes.

Wir werden also wieder mit einer Welt konfrontiert, in der alles mit allem verbunden ist. Jeder Teil von uns mit jedem anderen Teil des Universums. Wenn sich etwas in uns verändert, verändert sich gleichzeitig die ganze Welt. Wir sind ein Teil des Ganzen und das Ganze ist ein Teil von uns. Materie enthält ein Informationsfeld, das sich ständig bewegt und verändert. Sie hat also neben ihrer stabilen sichtbaren auch eine dynamische unsichtbare Seite. Ihre Möglichkeiten reichen weit hinaus über das, was wir unmittelbar sehen und begreifen können. Wenn wir so über die Materie sprechen, dürfen wir nie vergessen, dass es dabei ganz unmittelbar um uns selbst geht. Wir haben einen Körper, wir leben in Häusern und in der Natur und wir lieben es, Dinge zu besitzen, die wir mit Händen greifen können. Nach David Bohms Theorie halten wir mit jedem Gegenstand, den wir berühren, Informationen über die Entwicklung der ganzen Welt in unseren Händen. Jede unserer Handlungen hat Auswirkungen auf die Evolution des Universums.

Aus philosophischer Perspektive unterscheidet sich das Quantenpotenzial nur dadurch von der Welle der Wahrscheinlichkeit, dass es nicht als geistige, sondern als physische Größe gedacht wird, wie beispielsweise die menschliche DNA. Doch dieser kleine Unterschied birgt ein großes physikalisches Problem. Wie können sich Informationen innerhalb eines physischen Feldes ohne Zeitverzögerung ausbreiten? Nach Einsteins Relativitätstheorie können Informationen niemals schneller als mit Lichtgeschwindigkeit übermittelt werden. Informationswellen, die sich ohne Zeitverzögerung im ganzen Universum ausbreiten, widersprechen ebenso den Grundlagen der klassischen Physik wie die Kopenhagener Vorstellung von Teilchen, die keine klar definierten Eigenschaften haben.

Wir haben uns jetzt mit drei verschiedenen Interpretationen der seltsamen Quantenphänomene auseinandergesetzt. Keine davon ist unangreifbar. Es ist an der Zeit zu überprüfen, ob irgendetwas in Ihnen immer noch darauf wartet, dass jemand kommt, der Ihnen sagt, wie es wirklich ist, d. h. ganz objektiv.

Falls Sie diese Stimme noch hören können, ist das mehr als verständlich. Die Gedankenform der Objektivität hat sich über Jahrhunderte in unserem kollektiven Gedächtnis eingenistet. Wenn wir nur ein wenig unaufmerksam sind, breitet sie sich aus. Es braucht etwas Zeit, ihr einen neuen Platz zuzuweisen. Wenn die Stimme, die nach der objektiven Wahrheit fragt, nur ein klein wenig leiser geworden ist, haben wir viel erreicht.

Es wird also niemand kommen, der Ihnen die Wahrheit präsentiert. Denn jetzt, in diesem Moment, zu diesem Zeitpunkt in der Geschichte ist Ihre Mitarbeit wirklich von Bedeutung. Wenn es Ihnen gelingt, etwas freier zu denken, werden es kommende Generationen leichter haben.

Was kümmert mich die Lichtgeschwindigkeit!

Bei unserer Reise ins Innerste der Materie, ins Innerste auch unserer eigenen Zellen und Atome, sind wir auf ein Problem gestoßen, das uns zwingt, uns auch noch mit der zweiten naturwissenschaftlichen Revolution des vergangenen Jahrhunderts auseinanderzusetzen: mit der Natur von Raum und Zeit und Albert Einsteins Relativitätstheorie. Das Problem, auf das wir gerade gestoßen waren, war die Frage, wie sich die kleinsten Teilchen der Materie im ganzen Universum ohne Zeitverzögerung verständigen können, auf welche Weise also alles mit allem verbunden sein könnte. Um dieser Frage nachgehen zu können, müssen wir uns einem der unerklärlichsten und erstaunlichsten naturwissenschaftlichen Phänomene zuwenden: der wundersamen Lichtgeschwindigkeit. Denn nur weil es auch für Informationen nicht möglich ist, schneller zu reisen als Licht, können wir keine Erklärung der Quantenphänomene finden, die unserem jetzigen Weltbild wenigstens teilweise entspricht. Auch David Bohms Quantenpotenzial scheiterte genau an diesem Detail.

Vielleicht denken Sie jetzt: «Was kümmert mich die Lichtgeschwindigkeit! Dann gibt es eben die Möglichkeit, schneller zu reisen als Licht, haben die bei Raumschiff Enterprise doch auch gemacht. Solange der Rest der Welt real bleibt, soll es mir recht sein.» Das ist durchaus verständlich, denn es ist schwer einsehbar, warum der Lichtgeschwindigkeit in der Welt der Physik so große Bedeutung zugemessen wird. Was macht die Lichtgeschwindigkeit so besonders und warum kann man sie auf keinen Fall überschreiten?

Wenn wir uns auf einer Rolltreppe befinden, die sich mit 3 km/h nach oben bewegt und wir – weil uns das zu langsam ist – zusätzlich mit 2 km/h nach oben spurten, bewegen wir uns insgesamt mit 5 km/h fort. Die Geschwindigkeit der Rolltreppe und unsere eigene Geschwindigkeit werden addiert. Wir erreichen das Ende der Treppe schneller als jemand, der sich nur von der Rolltreppe hat tragen lassen.

Die Geschwindigkeit gibt an, welche Strecke im Raum wir in welcher Zeitspanne überwinden können. Wir können sie immer nur in Bezug zu einem Ruhepunkt messen. Wenn wir uns im ICE befinden, der 250 km/h fährt und wir mit einer Geschwindigkeit von 2 km/h in Fahrtrichtung zum Speisewagen gehen, bewegen wir uns für jemanden außerhalb des Zuges mit 252 km/h fort. Aus unserer Perspektive innerhalb des Zuges bewegen wir uns nur mit einer Geschwindigkeit von 2 km/h fort, da wir den Zug als unseren Ruhepunkt empfinden. Wenn aber jemand außerhalb des Zuges zum selben Zeitpunkt parallel zu uns mit derselben Geschwindigkeit (2 km/h) aufbricht, wird er uns nie erreichen.

Wenn wir jedoch zum selben Zeitpunkt parallel innerhalb und außerhalb des ICE einen Lichtstrahl aussenden, bewegen sich beide Lichtstrahlen mit derselben Geschwindigkeit fort, mit etwa 300 Millionen Meter pro Sekunde*, das sind rund 1,08 Milliarden Kilometer pro Stunde. Die beiden Lichtstrahlen erreichen zum selben Zeitpunkt denselben Ort. Das Licht, das vom Bahnsteig ausgesendet wird und das Licht, das im Zug ausgesendet wird, haben beide aus jeder Perspektive dieselbe Geschwindigkeit. Während sich unsere Geschwindigkeit verändert, je nachdem von wo aus sie gemessen wird, ist die Lichtgeschwindigkeit absolut. Wenn wir vom Bahnsteig aus die Geschwindigkeit des Lichtes messen, das innerhalb des Zuges ausgesendet wird, messen wir also nicht 1,08 Milliarden km/h plus 250 km/h, sondern immer nur 1,08 Milliarden km/h. Wenn wir vom Zug aus die Geschwindigkeit des Lichtstrahls messen, der vom Bahnhof abgeschickt wird, messen

* Exakt 299 792 458 Meter pro Sekunde.

wir nicht 1,08 Milliarden km/h minus 250 km/h, sondern wieder 1,08 Milliarden km/h. Wie schnell wir uns auch bewegen, das Licht ist uns immer um 1,08 Milliarden Kilometer pro Stunde voraus, um 300 Millionen Meter pro Sekunde. Das ist so, als ob es einen Ort gäbe, der sich immer in der gleichen Entfernung von uns befände. Ganz egal wie schnell wir uns auf ihn zu bewegten, wir könnten ihn niemals erreichen.

Obwohl also die Lichtgeschwindigkeit «nur» 1,08 Milliarden km/h beträgt, ist sie aus unserer Perspektive unendlich. Selbst wenn wir annähernd mit Lichtgeschwindigkeit neben dem Licht herlaufen könnten, wäre es uns immer noch um Lichtgeschwindigkeit voraus. Das ist paradox und unverständlich, aber es ist so. Während wir aus der Perspektive der Bewegung und der Beschleunigung denken, ist das Licht – wie in der Geschichte von Hase und Igel – immer schon da. Solange wir uns in dieser Perspektive befinden, ist uns das Licht um Lichtgeschwindigkeit voraus. Doch es scheint eine Geschwindigkeit zu geben, in der sich die Perspektive der Bewegung in eine Perspektive des Seins verwandelt, in einen Zustand jenseits von Raum und Zeit. Wenn wir diese Geschwindigkeit und damit diesen Zustand erreichen könnten, wären Raum und Zeit, Bewegung und Beschleunigung bedeutungslos und das Licht wäre uns nicht mehr um Lichtgeschwindigkeit voraus. Doch das ist für einen Körper mit Masse und Gewicht nicht möglich.

Da die Lichtgeschwindigkeit für uns also unter allen Umständen gleich bleibt, wird inzwischen sogar die Länge eines Meters mithilfe der Lichtgeschwindigkeit definiert. Das Licht legt 300 Millionen Meter pro Sekunde zurück. Wenn man also eine Sekunde in 300 Millionen Teile zerlegt und misst, welche

Strecke das Licht in dieser winzigen Zeitspanne zurücklegt, dann hat man die Länge eines Meters bestimmt.

Vielleicht ist jetzt schon etwas deutlicher geworden, warum der Lichtgeschwindigkeit in der Welt der Physik so viel Bedeutung zugemessen wird. Sie gehört zu den erstaunlichsten und seltsamsten Naturgesetzen, die wir kennen. In einer Welt der Relativität ist sie eine der letzten absoluten Bezugsgrößen, auf die wir uns mit Sicherheit verlassen können.

Seit Albert Einstein wissen wir, dass Raum und Zeit bewegliche Größen sind. Wenn wir uns mit großen Geschwindigkeiten fortbewegen, dehnt sich die Zeit und der Raum schrumpft, die Uhren gehen langsamer und die Entfernungen verkürzen sich. Wäre es möglich, sich mit Lichtgeschwindigkeit fortzubewegen, wäre eine Sekunde unendlich und der Raum wäre so sehr geschrumpft, dass wir uns in diesem unendlichen Augenblick überall zugleich befänden. Könnten wir uns mit Lichtgeschwindigkeit fortbewegen, wären Raum und Zeit vollständig ausgelöscht. Aus unserer Perspektive braucht das Licht Zeit, um große Entfernungen im Raum zu überwinden. Aus der Perspektive eines Photons, d. h. eines Lichtteilchens, existieren Raum und Zeit nicht. Das Photon befindet sich zu jeder Zeit überall.[*]

---

[*] In der Physik wurden in den 1960er Jahren trotzdem Teilchen eingeführt, die sich mit Überlichtgeschwindigkeit fortbewegen. Allerdings nur als theoretische mathematische Möglichkeit. Man nannte diese hypothetischen Teilchen «Tachyonen». Man stellte sich Tachyonen als Teilchen mit «negativer Masse» vor; denn lediglich Teilchen, die weniger als «kein Gewicht» haben, könnten sich mit Überlichtgeschwindigkeit fortbewegen. Ihre «negative Masse» hätte auch zur Folge, dass man sie nicht auf Lichtgeschwindigkeit abbremsen könnte. Sie müssten sich immer mit Überlichtgeschwindigkeit fortbewegen. Tachyonen sind jedoch bislang nicht mehr als eine mathematische Spielerei. Ihre Existenz kann experimentell weder nachgewiesen noch ausgeschlossen werden. Innerhalb unseres physikalischen Weltbildes scheint so etwas wie eine «negative Masse» derzeit zwar denkbar, aber nicht sinnvoll zu sein.

Warum aber ist es uns nicht möglich, die Perspektive eines Photons einzunehmen? Das hängt mit einer weiteren seltsamen Eigenschaft des Lichts zusammen: Es hat kein Gewicht und keine Masse. Nur deshalb kann es sich mit so hoher Geschwindigkeit fortbewegen. Je mehr Masse und Gewicht ein Teilchen hat, desto schwerer kann es beschleunigt werden. Jeder Körper setzt der Veränderung seines Bewegungszustandes einen Widerstand entgegen. Wir nennen diesen Widerstand Trägheit. Um einen ruhenden Körper auf eine bestimmte Geschwindigkeit zu beschleunigen, muss man eine Kraft anwenden. Je größer die Masse des Körpers, desto größer der Widerstand und desto mehr Kraft brauchen wir, um die Geschwindigkeit zu erreichen. Zusätzlich wächst der Widerstand der Masse mit der Geschwindigkeit. Ab einer bestimmten Geschwindigkeit leisten schon winzige Teilchen einen riesigen Widerstand. Deshalb können nur masselose Photonen die Lichtgeschwindigkeit erreichen. Materie kann das nicht. Wollten wir uns mit Lichtgeschwindigkeit fortbewegen, müssten wir uns vollständig entmaterialisieren. Nur dann könnten wir Raum und Zeit hinter uns lassen.

Eine Geschwindigkeit, die größer ist als die Lichtgeschwindigkeit, ist in unserem physikalischen System schlichtweg nicht vorstellbar. Geschwindigkeit ist dazu da, Distanzen in Raum und Zeit zu überwinden. Sie existiert nur, solange Raum und Zeit existieren, außerhalb von Raum und Zeit erübrigt sich dieser Begriff. Eine Geschwindigkeit, die größer ist als die Lichtgeschwindigkeit, wäre nach der Relativitätstheorie ein absurder Gedanke, und Albert Einstein hat sich mit Händen und Füßen dagegen gewehrt. Wenn wir annehmen, dass wir die Lichtgeschwindigkeit überschreiten können, dann verabschieden wir uns vollständig von grundlegenden Parametern unserer physikalischen Welt, d. h. von Raum und Zeit. Ohne Raum und Zeit ist auch unser Begriff der Materie nicht mehr denkbar. Materie ist ausgedehnt, und Ausdehnung findet immer in Raum und Zeit statt. Solange unsere materielle Welt das Einzige ist, was wir für real halten, können wir Raum und Zeit nicht hinter uns lassen, auch wenn wir mit Immanuel Kant der Auffassung sind, dass sie lediglich Grundstrukturen unserer Wahrnehmung sind. Ohne diese Grundstrukturen sind auch wissenschaftliche Untersuchungen nicht möglich, denn unsere Wahrnehmung ist unser erstes Messinstrument. Die Grundprinzipien der Wahrnehmung und die Grundprinzipien der Physik sind aufs Innigste miteinander verwoben. Mit diesen Prinzipien steht und fällt unsere gesamte materielle Welt mit all ihren naturwissenschaftlichen Gesetzen.

Albert Einstein war ein tiefgläubiger Mensch.* Er hat nie bezweifelt, dass Raum und Zeit nichts als hartnäckige Illusionen unseres Bewusstseins sind. Aber solange wir uns innerhalb dieser Illusionen bewegen, sind wir an ihre Gesetze gebunden. Die Frage, warum es unmöglich ist, Informationen innerhalb der messbaren Realität schneller als mit Lichtgeschwindigkeit zu übermitteln, erledigt sich damit von selbst. Doch zwischen den kleinsten subatomaren Teilchen scheint es trotzdem eine Form von Kommunikation zu geben, die

---

* **Albert Einstein** war nicht im konfessionellen Sinn religiös. Er bekannte sich erst sehr spät zum konfessionellen Judentum. Sein Glaube galt vielmehr der Macht und der Schönheit der Naturgesetze. Er nannte Gott oft ganz unkonventionell den «Alten» und meinte damit die Kraft der universellen Gesetze, die vom Menschen nicht beeinflusst werden können. Ein personifizierter Gott war ihm fremd.

nicht an die Gesetze von Raum und Zeit gebunden ist. Dieser unmittelbare Informationsaustausch der subatomaren Teilchen gehört zu den größten Rätseln der Quantentheorie. Er gehört zu den Faktoren, die am wenigsten mit unserem derzeitigen Weltbild vereinbar sind. Er raubt uns die letzte Möglichkeit, Materie doch noch für ein stabiles und durchschaubares Phänomen zu halten.

Würfelt Gott?

Albert Einstein hielt die Quantentheorie bis zu seinem letzten Atemzug für unvollständig. Und zwar deshalb, weil sie seiner Weltanschauung zutiefst widersprach. Kein Element der Natur konnte in seiner bloßen Existenz und mit all seinen Eigenschaften von irgendwelchen Gesetzen der Wahrscheinlichkeit abhängig sein. Eine Theorie, die so etwas behauptete, war nicht nur unvollständig, sie war schlicht und einfach unanständig. In einer solchen Welt wollte er nicht leben. Albert Einstein ist gestorben, bevor experimentell bewiesen werden konnte, dass er diese Theorie trotz all seiner inneren Widerstände hätte akzeptieren müssen. Er hat nicht mehr erfahren, dass die Welt so anders war, als er sich das vorstellte. Versuchen wir nachzuvollziehen, um welchen Teil seines Weltbildes dieser große Wissenschaftler so unermüdlich gekämpft hat.

Wie wir gesehen haben, besagt die Heisenberg'sche Unschärferelation, dass wir verschiedene Eigenschaften eines subatomaren Teilchens nicht gleichzeitig exakt bestimmen können. Nach seiner Auffassung ist das deshalb so, weil das

Teilchen erst durch die Messung seine Eigenschaften erhält. Bestimmen wir seinen Ort, hat es einen Ort, bestimmen wir seine Geschwindigkeit, hat es eine Geschwindigkeit, bestimmen wir von beidem nur Annäherungswerte, hat es nur Annäherungswerte. Ein Elementarteilchen, an dem noch keine Messungen vorgenommen wurden, hat gar keine individuellen Eigenschaften. Es existiert nicht als materielles Teilchen, sondern als Möglichkeit, als Element einer Wahrscheinlichkeitswelle. Wir können seine möglichen Eigenschaften lediglich mit den quantenmechanischen Regeln der Wahrscheinlichkeitsrechnung bestimmen.

Werner Heisenberg, Niels Bohr und viele andere Quantenphysiker nahmen an, dass nicht nur materielle Teilchen, sondern auch die Gesetze der Wahrscheinlichkeit ein wirksamer Teil der Realität sind. Jedes physische Teilchen sei mit dieser immateriellen Wirklichkeit verbunden.

Für Albert Einstein war so eine Deutung nicht tragbar. Sie war nicht tragbar, weil sie ein grundlegendes Prinzip verletzte, das Prinzip der Identität. Jedes Element der Natur hatte ein Recht darauf, es selbst zu sein. Er war überzeugt davon, dass jedes Atom zu jedem Zeitpunkt eine klare Identität hatte, auch wenn wir nicht in der Lage waren, diese Identität eindeutig zu bestimmen. Für ihn hatte jedes Teilchen einen genau lokalisierten Aufenthaltsort und bewegte sich auf einer präzisen Bahn mit einer präzisen Geschwindigkeit durch Raum und Zeit. Eine seiner berühmtesten Aussagen zu diesem Thema war: «Gott würfelt nicht!»* Nur weil wir technisch nicht in der Lage seien, Ort, Geschwindigkeit und Rich-

* Genauer: «Der Alte würfelt nicht!»

tung des Teilchens gleichzeitig zu bestimmen, könnten wir die Bahnen nicht einzeln berechnen – so Einstein.

Da die Teilchen durch ihre winzige Größe sehr störungsanfällig sind, können wir tatsächlich aus rein technischen Gründen an jedem Teilchen immer nur eine Messung vornehmen. Um beispielsweise die Geschwindigkeit eines Elektrons messen zu können, müssen wir es mindestens mit einem Photon beleuchten, und das beeinflusst das Teilchen schon so sehr, dass eine weitere Messung des Ursprungszustandes unmöglich ist.

Für Albert Einstein waren die Gesetze der Wahrscheinlichkeit deshalb nur eine mathematische Hilfskonstruktion, um unsere ungenauen Messergebnisse auszugleichen, sie waren nicht Teil der Realität. Eine gute physikalische Theorie zeichnete sich nach seiner Auffassung dadurch aus, dass sie die Ordnung des Universums sichtbar werden ließ. In dieser Ordnung gab es keinen Platz für Zufälle. Es gab klare und eindeutige Gesetze, nach denen sich alles zu richten hatte. Unberechenbares war nicht vorgesehen. Eine Theorie, die die Wahrscheinlichkeitsregeln nicht als Hilfsmittel, sondern als Teil der Realität betrachtete, war für ihn nicht akzeptabel. Das war, als hätte sich in die Naturgesetze für alle Zeiten ein unbekannter Faktor eingeschlichen, ein Faktor, der sich uns niemals zu erkennen geben würde. Das war, als hätte sich das Universum mit der Wissenschaft einen Scherz erlaubt, als hätte sich eine Ungewissheit unauslöschlich in die Natur eingeschrieben.

In endlosen Gesprächen versuchte er über Jahrzehnte Niels Bohr und Werner Heisenberg davon zu überzeugen, dass die Quantentheorie in dieser Hinsicht unvollständig war. Ohne

Erfolg. Weder Einstein noch die Quantenphysiker konnten damals schlüssig beweisen, ob ein Elementarteilchen klar definierte Eigenschaften hat, wir sie aber nicht messen können, oder ob es tatsächlich erst im Augenblick der Messung bestimmte Eigenschaften erhält und zuvor als Teil einer Wahrscheinlichkeitswelle existiert.

Erst nach dem Tod Einsteins und Bohrs entdeckte der Physiker John Bell, dass die unterschiedlichen Auffassungen bezüglich der Wahrscheinlichkeitsregeln nicht nur auf philosophischer, sondern auch auf mathematischer Ebene unvereinbar sind. John Bell hat gezeigt, dass wir die Streitfrage klären können, indem wir Messungen an Teilchenpaaren durchführen. Diese Messungen wurden in den 1980er Jahren durchgeführt und es hat sich herausgestellt, dass Elementarteilchen tatsächlich keine Eigenschaften haben, solange sie nicht gemessen werden.

Wir müssen uns davor hüten, uns jetzt irgendwelche durchsichtigen Teilchen vorzustellen, die noch unbestimmt sind, sich aber später einmal Eigenschaften zulegen. Es geht hier um etwas viel Grundsätzlicheres. Materie besteht im Innersten aus Leerstellen. Das Element, auf das wir alle unsere Hoffnungen nach Stabilität gesetzt haben, ist unendlich wandelbar. Die Natur hat damit einen unbekannten Faktor erhalten, der so grundlegend ist, dass er uns nicht erlaubt, wieder zu unserem gewohnten Weltbild zurückzukehren.

Wenn wir diesen Sachverhalt aus der Perspektive unseres materialistischen Weltbildes formulieren wollten, hieße das: Alles entsteht aus nichts. Denn alles, was wir innerhalb dieses Weltbildes als real anerkennen, ist messbare Materie, und diese Form der Materie scheint erst im Augenblick der Messung zu entstehen. Sie entsteht aus etwas, dem wir im materialistischen Weltbild keinerlei Realität zuerkennen. Vielleicht verstehen wir jetzt, warum Albert Einstein es abgelehnt hat, die Gesetze der Wahrscheinlichkeit als Grundlage der Materie anzuerkennen.

Das Experiment, das die Streitfrage mithilfe von Teilchenpaaren ein für alle Mal klären konnte, müssen Sie nicht unbedingt verstehen. Denjenigen, die neugierig geworden sind, will ich es jedoch nicht vorenthalten. Falls es Sie gar nicht interessieren sollte, überspringen Sie einfach die folgenden Absätze.

Teilchenpaare sind Teilchen, die entstanden sind, weil ein Atomkern in zwei Teile zerfallen ist. Jedes dieser Teilchen hat einen so genannten «Spin», eine Art Drehung um die eigene Achse. Der Spin ist eine wichtige Eigenschaft der Elementarteilchen, die man in drei Komponenten zerlegen kann: x, y und z. Theoretisch bestimmen diese drei Komponenten die Lage der Drehachse im Raum. Praktisch ist es jedoch unmöglich, alle drei Komponenten gleichzeitig exakt zu bestimmen. Physiker stellen sich die Drehachse deshalb oft in Form eines Kegels vor. Bei einem Kegel ist die Achse nicht fixiert, sie kann jederzeit in jede Richtung kippen. Dieses Bild hat allerdings den Nachteil, dass wir uns die Elementarteilchen als rotierende Formen vorstellen, deren Lage im Raum man lediglich nicht genau bestimmen kann. Die Tatsache, dass wir diese Lage nicht genau bestimmen können, ist jedoch von großer Bedeutung. Denn die Eigenschaft, die wir Spin nennen, ist viel mehr als nur eine Drehung im Raum. Es ist eine Eigenschaft, für die wir in unserer Alltagswelt keine genaue Entsprechung haben. Wir können uns diese Eigenschaft deshalb nicht wirklich anschaulich vorstellen. Ich halte es für sinnvoll, «x, y und z» im Folgenden als abstrakte Eigenschaften zu betrachten. Es ist lediglich wichtig zu verstehen, was passiert, wenn wir versuchen, diese Eigenschaften zu bestimmen.

Für unsere Teilchenpaare gilt, dass sie sich im übertragenen Sinne wie zwei Pole eines Magneten verhalten. Ist die x-Komponente von Teilchen A ein Pluspol, dann muss die x-Komponente von Teilchen B ein Minuspol sein usw. Man könnte auch sagen, wenn die x-Komponente von Teilchen A süß schmeckt, muss die x-Komponente von Teilchen B sauer schmecken. Sie können dafür einsetzen, was Sie wollen, die beiden Teilchen verhalten sich auf jeden Fall immer genau gegensätzlich. Wir erfahren also durch die Messung an Teilchen A auch etwas über Teilchen B, ohne es zu stören. Obwohl wir also an jedem Teilchen nur eine Messung vornehmen können, erfahren wir indirekt etwas über zwei Komponenten. Die dritte Komponente bleibt im Dunkeln, da wir keine Möglichkeit haben, sie störungsfrei zu messen. Wir können die Teilchen also nicht eindeutig bestimmen, aber wir können zwei Drittel ihrer Eigenschaften sichtbar machen, das letzte Drittel kennen wir nicht.

Albert Einstein ging davon aus, dass alle Teilchen unabhängig von der Messung klar definierte Eigenschaften haben. Alle drei Komponenten stehen aus seiner Perspektive schon vor der Messung fest. Teilchen A und Teilchen B haben eine klar definierte Identität. Ihre x-, y- und z-Komponenten sind eindeutig bestimmt. Wir nutzen die Messung, um diese Identität sichtbar zu machen. Nach den klassischen Regeln der Wahrscheinlichkeit müssen bei einer großen Anzahl von Teilchen und Messungen alle möglichen Plus-minus-Kombinationen gleich oft vorkommen. Die Identität eines einzelnen Teilchens ist rein zufällig. Es gibt keinen Grund anzunehmen, dass bestimmte Kombinationen öfter vorkommen als andere. Nach Einsteins Voraussagen treffen wir also gleich oft auf A (x+) B (y-) wie auf A (y+) B (x-) oder A (z-) B (x+) usw. Das entspricht dem gesunden Menschenverstand. Die Wahrscheinlichkeitsgleichungen der Quantenphysik sagen jedoch andere Ergebnisse voraus. Sie gehen davon aus, dass unter bestimmten Umständen einige Kombinationen wesentlich öfter auftreten als andere, weil sich jede Messung an Teilchen A unmittelbar auf Teilchen B auswirkt. Nach der Quantentheorie sind Teilchen A und Teilchen B keine getrennten Identitäten, sondern Teil eines Ganzen. Die Identität eines Teilchens wird erst im Augenblick der Messung bestimmt. Jede Messung beeinflusst jedes Teilchen. Auch dann, wenn sich die Teilchen nicht am selben Ort aufhalten. Wenn wir eine Messung an Teilchen A vornehmen, beeinflusst das automatisch auch Teilchen B. Wenn wir eine große Menge dieser Messungen vornehmen, können wir mithilfe der Wahrscheinlichkeitsregeln herausfinden, wer recht hat: Einstein oder Heisenberg und Bohr.

Treten alle Kombinationen gleich oft auf, hat Einstein recht. Werden die Wahrscheinlichkeitsgleichungen der Quantentheorie erfüllt, kann man mit Heisenberg und Bohr davon ausgehen, dass die Identität der kleinsten Teilchen erst im Augenblick der Messung festgelegt wird.

Da diese Messungen und Rechnungen sehr viele Faktoren mit einbeziehen und äußerst komplex sind, werden wir uns hier nicht weiter mit Einzelheiten aufhalten. Wichtig ist lediglich zu wissen, dass die Voraussagen der Quantenphysik den Voraussagen der klassischen Physik vollständig widersprechen und damit auch dem, was wir als gesunden Menschenverstand bezeichnen. Wenn Heisenberg recht hat, dann beeinflusst die Messung eines Teilchens unmittelbar auch den Wert des anderen Teilchens, das noch nicht gemessen wurde – auch wenn es sich an einem völlig anderen Ort befindet. Durch diesen Einfluss können nicht mehr alle theoretisch möglichen Teilchenkombinationen gleich oft auftreten. Es ergeben sich andere Wahrscheinlichkeitsverteilungen, als wenn wir davon ausgehen, dass die Eigenschaften der Teilchen schon feststehen, bevor sie gemessen werden.

Im Jahre 1981 konnte dieses Experiment tatsächlich durchgeführt werden. Seither steht fest, dass Einstein unrecht hatte. Spätestens zu diesem Zeitpunkt war klar, dass die Ergebnisse der Quantenphysik uns zwingen, unser Weltbild zu überdenken. Es gab keine Möglichkeit mehr, die Ergebnisse dieses Experimentes auf konventionelle Weise zu deuten. Die Materie verhielt sich eindeutig rätselhaft.

Niels Bohr und Werner Heisenberg nahmen an, dass subatomare Teilchen nur dann als physische Partikel erscheinen, wenn sie gemessen werden. Das Wesentliche an dieser Deutung ist, dass die Teilchen, die im Augenblick der Messung sichtbar werden, Elemente eines Gesamtsystems sind.

Das bedeutet, dass sie schon im Augenblick ihres Entstehens miteinander verbunden sind. Sie existieren nie als unabhängige Einzelteilchen. Die Beziehungen zwischen den Elementarteilchen sind bedeutsamer als ihre individuelle Erscheinung. Das könnte erklären, warum eine Messung an Teilchen A auch Teilchen B beeinflusst.

Eine weitere Deutungsmöglichkeit des Experimentes wäre, dass Teilchen A und Teilchen B während der Messung mit Überlichtgeschwindigkeit kommunizieren. Welche Probleme sich aus dieser Annahme ergeben, haben wir bereits gesehen.

Aus philosophischer Perspektive ist die Kopenhagener Deutung der Quantentheorie besonders einleuchtend.* Die Kopenhagener Deutung versteht die immaterielle Welt der Möglichkeiten als Aspekt der Realität, der sich außerhalb von Raum und Zeit befindet. Diese immaterielle Realität wird nicht als Vorstufe zur materiellen Wirklichkeit betrachtet, sondern als wirksamer Teil davon. Die Unbestimmtheit ist ein Aspekt der Materie.

Die Wahrscheinlichkeitswelle enthält neben den möglichen Ausdrucksformen auch die Beziehungsstrukturen der Elementarteilchen. Die Beziehungsstrukturen legen fest, in welchem Verhältnis die Teilchen zueinander stehen. Erst wenn die Welle der Möglichkeiten durch den Vorgang der Beobachtung kollabiert ist, erscheinen messbare Teilchen innerhalb von Raum und Zeit. Diese nunmehr physischen Einzelteilchen sind jedoch immer noch an die Beziehungsstrukturen gebunden, die durch die Gesetze der Wahrscheinlichkeit geregelt werden. Sie sind auch als physische Partikel Teile eines immateriellen Gesamtsystems. Die Eigenschaften von Teilchen A sind an die Eigenschaften von Teilchen B gebunden und umgekehrt.

Da die Wahrscheinlichkeitswelle in ein gleichermaßen ma-

---

* Vor allem in ihrer von dem Quantenphysiker **Shimon Malin** erweiterten und vertieften Form.

terielles und immaterielles Gesamtsystem kollabiert, gibt es zwischen den Teilchen eines Systems unmittelbare Verbindungen, auch wenn sie sich in weiter Entfernung voneinander befinden. Diese Verbindungen entstehen jedoch nicht durch Kommunikation innerhalb von Raum und Zeit mit Überlichtgeschwindigkeit. Sie zeigen lediglich die Verbindung der verschiedenen Ebenen von Realität. Auf der Realitätsebene der Möglichkeit sind die Beziehungsstrukturen festgelegt, die die materiellen Teilchen miteinander verbinden. Alle Teilchenkombinationen, die diesen Beziehungsstrukturen entsprechen, sind möglich.

In dieser Interpretation erhält der Begriff der Materie eine ganz neue Bedeutung. Messbare Tatsachen unserer materiellen Welt entstehen durch ein Zusammenspiel von Möglichkeit und Wirklichkeit, ein Ineinandergreifen von Geist und Materie. Sie sind Ausdruck eines ganzen Systems, das sich nach den Regeln der Wahrscheinlichkeit manifestiert. Kein Teilchen kann unabhängig vom Gesamtsystem betrachtet werden.

Problematisch bleibt allerdings, dass nie genau geklärt wird, wo die Grenzen eines Systems verlaufen. Was befindet sich innerhalb und was außerhalb des Systems? Was genau bewirkt den Übergang einer Wahrscheinlichkeitswelle in den Zustand von physischen Teilchen? Und welche Rolle spielt das menschliche Bewusstsein?

Der Quantenphysiker Shimon Malin gibt auf diese Frage eine ebenso einfache wie einleuchtende Antwort: Die Natur trifft eine Wahl, wenn sie dazu gezwungen wird, eine Entscheidung zu treffen. Und sie wird gezwungen, eine Entscheidung zu treffen, wenn die Überlagerung der Quantenzustände mit den bereits aus anderen Wellenfunktionen entstandenen physischen Tatsachen nicht mehr vereinbar ist.[*]

Jede Wellenfunktion interagiert zu irgendeinem Zeitpunkt mit dem Rest der Schöpfung. Im Doppelspaltexperiment geschieht das beispielsweise, wenn wir das Teilchen durch einen Detektor dazu bringen, einen physisch nachvollziehbaren Weg durch einen der beiden Schlitze zu wählen. Der Übergang von der Wahrscheinlichkeitswelle zum physisch messbaren Teilchen ist demnach eine Form der Kommunikation des Einzelnen mit dem Ganzen.

Wie wir gesehen haben, vertritt auch David Bohm einen ganzheitlichen Ansatz. Er geht sogar in noch viel größerem Maße davon aus, dass die verschiedenen Aspekte der Wirklichkeit miteinander im Austausch stehen. Für ihn ist das ganze Universum ein einziges Hologramm. So wie eine Eichel Informationen über einen ganzen Eichenbaum in sich trägt, enthält jedes einzelne Teilchen Informationen über das ganze Universum. Jeder Teilaspekt des Universums entwickelt sich implizit und explizit in Bezug zum Ganzen, so wie auch die Gestalt des ausgewachsenen Eichenbaumes sowohl von der Eichel als auch von der gesamten Umwelt abhängt. David

---

[*] Diese Antwort ergibt natürlich nur innerhalb der Welt der physischen Tatsachen einen Sinn. Sie erklärt nicht, warum diese Welt überhaupt entstanden ist, warum die Natur also ihre allererste Entscheidung getroffen hat. Mit dieser Frage wären wir bei einem der interessantesten philosophischen Grundprobleme angelangt: **Warum ist überhaupt Seiendes und nicht vielmehr Nichts?** Dieses Problem können wir weder mit den Mitteln der Physik noch mit den Mitteln der Philosophie befriedigend lösen.

Aus philosophischer Perspektive ist es dennoch von großer Bedeutung, da die Fragen der Philosophie eine völlig andere Funktion haben als die Fragen der Naturwissenschaften.

Philosophische Fragen sind auch – und vielleicht sogar gerade dann – sinnvoll, wenn sie niemals abschließend beantwortet werden können. Doch darauf werde ich in den folgenden Kapiteln eingehen.

Bohm denkt das Universum ganzheitlich und dynamisch. Dennoch will er sein gewohntes Verständnis der Materie wenigstens teilweise beibehalten. Was wir in unserem Alltagsbewusstsein unter Materie verstehen, nennt er den «expliziten Zustand». Der «implizite Zustand» der Materie ist das Quantenpotenzial. Dass wir dieses Potenzial nicht messen können, obwohl es ganz klassisch als reale Welle gedacht wird, ist zunächst nur ein kleiner Schönheitsfehler.

Für David Bohm existieren beide Zustände der Materie gleichzeitig. Wenn wir jedoch davon ausgehen, dass Materieteilchen dauerhaft kleine Partikel mit klar definierbaren Eigenschaften sind, müssen wir auch annehmen, dass sie sich nach den Gesetzen der Physik auf nachvollziehbaren Bahnen durch Raum und Zeit bewegen. Und so gerät auch David Bohm in Konflikt mit der Relativitätstheorie und der Lichtgeschwindigkeit. Dieser Konflikt markiert die Grenze zwischen unserem gewohnten Weltbild und neuen Gedankenformen. Philosophisch gesehen enthält der Ansatz David Bohms natürlich trotz dieses Konfliktes äußerst wertvolle Gedanken.

So verschieden all diese Erklärungen der Quantenphänomene sein mögen, sie alle beschreiben die Materie aus einer Perspektive, die uns bislang verborgen war: der Perspektive der Einheit. Ob wir davon ausgehen, dass sich das Universum in unendliche Welten ausdifferenziert, die wie Zahnräder ineinander greifen, ob wir an eine immaterielle Welle der Möglichkeiten glauben oder ein dynamisches Informationsfeld bevorzugen, jede Bewegung materieller oder immaterieller Art hat Auswirkungen auf die gesamte physische Wirklichkeit. Jedes physische Teilchen ist auf mannigfache Weise mit jedem anderen Teilchen verbunden.

Unser bisheriges Verständnis der Materie ist nicht mehr haltbar. Physische Partikel beeinflussen sich auch dann, wenn sie sich nicht berühren und auf keinerlei mechanische Weise miteinander verbunden sind. Veränderungen innerhalb der Materie wirken weit über ihren sichtbaren Ausdehnungsradius hinaus. Die ethischen Konsequenzen dieser physikalischen Entdeckung sind noch nicht absehbar.

Der österreichische Quantenphysiker Anton Zeilinger geht davon aus, dass nicht Materie, sondern Information der Urstoff des Universums ist. Denn was wir Quanten oder Elementarteilchen nennen und all die physischen Eigenschaften, die wir der Realität zuschreiben, sind lediglich begrenzte Antworten, die wir von der Natur auf unsere begrenzten Fragen erhalten haben. Mit unseren Fragen an die Natur öffnen wir jeweils eine bestimmte Tür einen Spalt breit. Was auch immer sich uns zeigt, wird durch diesen Spalt geformt. Die Natur kann sich uns also nur in begrenzten Formen zeigen. Sie ist mit ihren Antworten an unsere Fragen gebunden. Es sind also letztlich die Fragen und nicht die Antworten, die unser Weltbild bestimmen. Wofür wir keine Fragen haben, wird uns für immer verborgen bleiben.

Naturwissenschaft ist also die Kunst, präzise Fragen an die Natur zu stellen und Antworten zu erhalten, die diesen Fragen entsprechen. Die Antworten auf unsere Fragen bestimmen unsere Wirklichkeit: «Wirklichkeit und Information sind dasselbe.»[6]

Zeilinger geht davon aus, dass wir einen Begriff finden müssen, der diese beiden Aspekte vereint und der eine Grundlage für ein neues Weltbild schaffen könnte, ein Weltbild, das nicht die Materie, sondern unsere geistige Aktivität als ihren

Grundbaustein anerkennt. Begriffe sind immer ein Ausdruck unserer Gedankenformen. Erst wenn wir einen solchen Begriff haben, sind wir tatsächlich in der Lage, Wirklichkeit und Information gemeinsam zu denken.

Information im Sinne Anton Zeilingers meint allerdings die Information eines Systems und nicht die Information einer einzelnen Person. Es kommt also nicht darauf an, ob uns persönlich eine bestimmte Information bewusst zur Verfügung steht. Was Anton Zeilinger Wirklichkeit nennt, gestalten wir als Gesellschaft gemeinsam durch die Fragen, die wir stellen und die Antworten, die wir erhalten. Auch diese Sicht auf die Quantenereignisse weist also darauf hin, dass wir gemeinsam dafür verantwortlich sind, ein stimmigeres Weltbild entstehen zu lassen.

Gleichzeitig sollten wir immer wieder prüfen, wo unsere Fähigkeit, flexibel zu denken, überschritten wird. Gewohnte Gedankenformen sind wie unsichtbare Mauern, die uns gefangen halten. Erst wenn uns diese gedanklichen Widerstände bewusst werden, können wir nach Türen suchen.

David Bohm konnte sich nicht vorstellen, dass das menschliche Bewusstsein die physische Realität der Atome beeinflusst. Für Albert Einstein war die Grenze dort erreicht, wo der Zufall einen Platz in der Physik erhalten sollte. Er war um keinen Preis bereit, diese Grenze zu überschreiten. Und da er auch in dieser Hinsicht ein äußerst kluger Mann war, soll er zu einem befreundeten Physiker gesagt haben: *«Vielleicht habe ich mir das Recht erworben, Fehler zu machen.»*[7]

5
Ein neues Verständnis von Wahrheit entwickeln

«Das Gegenteil einer richtigen Behauptung ist eine falsche Behauptung.
Aber das Gegenteil einer tiefen Wahrheit kann wieder eine tiefe Wahrheit sein.»
NIELS BOHR

Wenn Sie bis zu diesem Punkt durchgehalten haben, haben Sie schon einiges erreicht. Sie haben gelernt, einige der wichtigsten kollektiven Gedankenformen zu unterscheiden. Vielleicht haben Sie sogar gesehen, wie diese Muster Ihr eigenes Denken beeinflussen. Und Sie haben verstanden, dass Sie gebraucht werden, um eine Atmosphäre des Denkens zu schaffen, in der ein neues Weltbild entstehen kann. Ihr Geist, Ihre Offenheit und Ihre Fragen bringen die festgefahrenen kollektiven Gedankenformen in Bewegung. Unser kollektives Bewusstsein ist derzeit wie ein abgestandener Tümpel, ohne jede Verbindung zum Fluss des Lebens. Mit Ihrer Hilfe kann diese Verbindung wieder hergestellt werden. In den folgenden Kapiteln lernen Sie deshalb, Ihren Fragen, Ihrer Wahrnehmung und Ihrer geistigen Lebendigkeit mehr zu vertrauen. Zuerst gilt es, ein neues Verständnis von Wahrheit zu entwickeln.

Verwirrung ist nötig

Vermutlich sind Sie inzwischen verwirrt. Wahrscheinlichkeitswellen, verschiedene Welten, holographische Muster und dann auch noch die Lichtgeschwindigkeit. Muss ich das alles verstehen? Und wer hat denn nun eigentlich recht?

Diese Fragen lassen sich nicht leicht beantworten. Keines der bisher vorgestellten Deutungsmodelle ist physikalisch unangreifbar, denn alle versuchen mit unseren gewohnten Begriffen eine neue Welt verständlich zu machen. Dabei müssen sie Bilder zu Hilfe nehmen, die zwischen alten und neuen Gedankenformen vermitteln können.

Unsere Gedankenformen helfen uns nicht nur Sinneseindrücke, sondern auch Ideen zu ordnen und miteinander zu verknüpfen. Um neue Ideen verstehen zu können, müssen wir neue Gedankenformen bilden, und das braucht Zeit. Komplexe Gedankenformen entwickeln sich wie lebendige Organismen. Sie wachsen und reifen langsam. Während sie das tun, müssen wir Räume schaffen, in denen sie sich entwickeln können. Wir müssen uns wieder und wieder damit auseinandersetzen. In dieser Zeit entsteht notwendigerweise erst einmal Verwirrung. So als ob alte Straßen, die wir in- und auswendig kennen, umgestaltet werden. Da gibt es neue Kreuzungen und jede Menge Schilder, deren Bedeutung wir nicht kennen. Die Wege sind ungewohnt, wir fühlen uns orientierungslos und manchmal auch verärgert. Was haben wir eigentlich davon?

In diesem Zustand ist es sinnvoll, auf die Erfahrungen mit den einzelnen neuen Gedanken zu achten. Was passiert, wenn Sie sich vorstellen, dass sich ein Photon zu jedem Zeitpunkt überall befindet? Wie fühlt sich eine Wahrscheinlichkeitswelle an und wie unterscheidet sich die Welt als Hologramm von Ihrer Alltagserfahrung?

Wenn Sie sich einem Gedanken nähern, gibt es meistens auch eine physische oder emotionale Reaktion, die hilft, die Qualität des Gedankens zu erfassen. Wenn sich ein Weltbild verändert, haben wir die einmalige Chance, die Qualität und den Charakter von Ideen bewusst wahrzunehmen. Ihr Aussehen, ihren Duft oder die Art, wie sie sich bewegen. Zu spüren, wie sie näher kommen oder sich entfernen. Sobald sie sich fest im kollektiven Denken installiert haben, ist es sehr schwer, das alles wahrzunehmen. Die Welt der Gedankenformen ist dann so selbstverständlich, dass viele Menschen noch nicht einmal mehr wissen, dass sie existiert. Und das, obwohl es diese Welt ist, die unser Leben am meisten beeinflusst, weil sie bestimmt, wie wir die Dinge wahrnehmen.

Bei der Veränderung eines Weltbildes geht es also nicht in erster Linie um richtig oder falsch. Es geht darum, eine neue Welt zu entdecken und zu verstehen, dass viele Probleme dadurch entstehen, dass wir uns an bestimmte Gedankenformen zu sehr gewöhnt haben.

Je mehr wir uns zwischen verschiedenen Gedankenformen entscheiden können, desto flexibler können wir nach Lösungen suchen. Dafür müssen wir uns zunächst einmal auf ganz verschiedene Gedankengebäude einlassen. Erst in der Auseinandersetzung mit neuen Ideenkomplexen merken wir, dass unsere gewohnte Form zu denken nur eine Möglichkeit von vielen ist. Wenn Sie dabei nicht gleich alles verstehen oder vielleicht auch etwas in einem Augenblick verstehen und im nächsten Moment vergessen haben, dann sind Sie auf dem richtigen Weg. Verwirrung ist zunächst einmal ein Zeichen dafür, dass die gewohnten Gedankenformen ihre ordnende Funktion nicht mehr selbstverständlich ausüben können.

Richtig oder falsch?

Die Frage, ob nun die Kopenhagener Deutung, die Viele-Welten-Theorie oder der Leitwellengedanke der Wirklichkeit am nächsten kommt, ist immer noch offen. Das Problem ist, dass wir derzeit keine Grundlage haben, auf der wir diese Frage beantworten könnten. «Wirklichkeit» ist ein relativer Begriff. Er setzt ein stimmiges, einheitliches Weltbild voraus. Nur innerhalb eines solchen Weltbildes könnten wir entscheiden, inwiefern diese Theorien «richtig» oder «falsch» sind.

Als Nikolaus Kopernikus im 16. Jahrhundert herausfand, dass die Sonne nicht um die Erde, sondern die Erde um die Sonne kreist, war das innerhalb des mittelalterlichen Weltbildes eindeutig falsch. Innerhalb dieses Weltbildes behandelte die neue Theorie keine Sachfrage im Bereich der Planetenkonstellationen. Es ging in dieser Frage allein darum, ob der Mensch innerhalb der göttlichen Schöpfung eine besondere Stellung hatte oder nicht. Wenn Kopernikus also behauptete, die Erde drehe sich um die Sonne, dann hieß das für mittelalterliche Ohren, dass der Mensch völlig bedeutungslos war. Und das war aus damaliger Perspektive falsch. Innerhalb dieses Weltbildes war es unmöglich, eine physikalische Aussage von ihrer symbolischen Bedeutung zu trennen, da rein physikalische Gedankenformen nicht existierten. Eine rein physikalische Aussage wäre eine Aussage ohne jeden Sinn gewesen.

Alles wurde in seinem Bezug zum Schicksal des Einzelnen und zum Schicksal der Menschheit betrachtet. Jede wissenschaftliche Aussage, jedes Bild und jedes Naturereignis hatte vor allem anderen symbolische Bedeutung. Wenn wir heute vor mittelalterlichen Bildern stehen, merken wir schnell, dass wir von ihrer symbolischen Bedeutung nicht mehr unmittelbar ergriffen werden. Wir können den Kosmos der Symbole allerhöchstens noch wie eine Fremdsprache entziffern.

Wir leben in einer Welt der objektiven Tatsachen. Es fällt uns leicht, die Naturgesetze unabhängig von uns selbst und unabhängig von einem möglichen Gesamtzusammenhang zu betrachten. Eine Planetenkonstellation ist eine Planetenkonstellation, nicht mehr und nicht weniger.

Die Entdeckung des Nikolaus Kopernikus markierte den Übergang zu einem Weltbild, innerhalb dessen die Natur auf eine ganz andere Weise untersucht werden konnte: nüchtern, klar und hemmungslos. Es folgten Galileo Galilei, Johannes Kepler und andere wissenschaftliche Revolutionäre, die an den Grundlagen der modernen Physik arbeiteten.

Auf philosophischer Seite war es René Descartes (1596–1650), der mit seinem Denken das Entstehen des neuen Weltbildes stützte. Für Descartes war das Universum eine riesige Maschine, die aus toter Materie in Bewegung bestand. Auch der menschliche Körper hatte für ihn den Charakter einer Maschine. Wir wissen längst, welche Vorteile diese nüchterne Perspektive hat – beispielsweise in chirurgischer Hinsicht –, ihre Nachteile werden uns erst langsam bewusst.

Im 17. Jahrhundert waren diese Ideen so unerhört neu, dass sie die Menschen völlig verunsicherten. Und auch im 18. Jahrhundert hatte man sich noch nicht daran gewöhnt.

Goethe sagte, das System des Descartes sei so grau, monströs und todesartig, dass er es kaum ertragen könne, er erschaudere davor, als ob er einem Geist begegne.

Doch neben Descartes stützten noch andere Philosophen die mechanistische Weltsicht, sodass sie sich schließlich durchsetzen konnte, z. B. Francis Bacon (1561–1626) oder John Locke (1632–1704). Für Bacon war es das Ziel des Menschen, durch organisierte wissenschaftliche Forschung die völlige Herrschaft über das Universum zu erlangen. Die Mythologie des Fortschritts war geboren, und Gott hatte keinen Platz mehr in der Evolution. Während Newton (1643–1727) noch glaubte, Gott habe die Planeten am Anfang der Zeit in Bewegung gesetzt, schlug der Naturwissenschaftler Simon de Laplace (1749–1827) etwa hundert Jahre später eine andere Lösung vor: Das Universum ist aus einer großen Wolke von Gas und Staub entstanden. Für ihn war Gott eine überflüssige Hypothese.

Mit der Zeit wurden diese Ideen so sehr zum Allgemeingut, dass kein Naturwissenschaftler mehr auf die Idee kam zu widersprechen. Die Gedankenformen der Neuzeit hatten die Gedankenformen des Mittelalters ersetzt. Die Theorie des Nikolaus Kopernikus war zu einer wissenschaftlichen Tatsache geworden. Und diese Tatsache ist innerhalb unseres neuzeitlich naturwissenschaftlichen Weltbildes unbezweifelbar richtig.

Für die verschiedenen Deutungen der Quantentheorie gilt das nicht. Zwar werden die Experimente der Quantenphysik mit den Methoden der neuzeitlichen Naturwissenschaft durchgeführt, ihre Ergebnisse sind jedoch ebenso wenig mit unserem Weltbild vereinbar wie die Ergebnisse des Kopernikus mit dem Weltbild des Mittelalters. Um entscheiden zu können, welche der vielen Deutungen denn nun eigentlich richtig ist, müssten wir uns kollektiv auf ein neues Weltbild einigen, das den Ergebnissen der Quantenphysik entspricht.

Im Augenblick ist die Welt der Physik jedoch immer noch gespalten. Es gibt mindestens drei Gruppen. Manche Physiker sind tatsächlich auf der Suche nach einem neuen Weltbild. Eine zweite Gruppe sucht nach einer Weltformel, die alle Probleme aus dem Weg räumt und unser Weltbild wenigstens in groben Zügen doch noch bestätigt. Die dritte und größte Gruppe kümmert sich überhaupt nicht um die philosophischen Probleme der Quantenphysik. Sie nutzt die Formeln der Quantentheorie, um neue technische Möglichkeiten zu entwickeln, und ignoriert dabei einfach, dass all diese Möglichkeiten auf der Grundlage ihres Weltbildes gar nicht existieren dürften.

Was ist Wahrheit?

Wenn richtig oder falsch lediglich Koordinaten innerhalb eines Weltbildes sind, was ist dann Wahrheit, und wie können wir sie erfassen?

Der naturwissenschaftliche Begriff von Wahrheit ist tatsächlich identisch mit dem, was wir als «richtig» bezeichnen. Eine naturwissenschaftliche Aussage ist dann wahr, wenn sie mit allen gemessenen Ergebnissen übereinstimmt. Wahr ist, was sich mit den Methoden der neuzeitlichen Naturwissenschaft als objektive Tatsache herausgestellt hat. Die Begriffe «wahr» und «wissenschaftlich erwiesen» werden fast synonym gebraucht.

Die Wahrheit der objektiven Tatsachen fällt für Niels Bohr in den Bereich der «richtigen Behauptungen». Die meisten Menschen wissen jedoch intuitiv, dass es einen Begriff von Wahrheit gibt, der weit darüber hinausgeht. Tiefe Wahrheiten sind nicht in erster Linie von Inhalten abhängig. Sie haben eine Qualität, die uns unabhängig vom Inhalt anspricht.

Niels Bohr hat den Gedanken der Komplementarität in die Physik eingeführt. Das Wesen von Licht und Materie ist komplementär, weil es zwei sich widersprechende Seiten hat, die sich nicht gleichzeitig zeigen können: eine Wellennatur und eine Teilchennatur. Der Widerspruch ist für Niels Bohr kein ungelöstes Rätsel, er ist ein Teil der Realität. Wir können uns aussuchen, welchen der beiden Aspekte wir beobachten wollen, doch nur wenn wir uns der widersprüchlichen abgewandten Seite bewusst sind, kommen wir der Qualität einer tiefen Wahrheit nahe. Tiefe Wahrheiten sind immer komplementär, sie haben eine zugewandte und eine abgewandte Seite, die wir nicht gleichzeitig betrachten können. Doch wenn wir uns stets von einer zur anderen bewegen und uns an keiner Seite festhalten, entsteht eine dynamische Offenheit, die eine andere Qualität der Wirklichkeit sichtbar werden lässt.

Es geht nicht darum, die Widersprüche aufzuheben, sondern darum, sie als wesentlichen Teil der Realität anzuerkennen und die eigene Wahrnehmungsfähigkeit in Bewegung zu bringen. Durch diese Bewegung schaffen wir einen Zwischenraum, in dem die komplementären Aspekte als Ahnung gegenwärtig sind.

Der Philosoph Martin Heidegger nennt das Wesen der Wahrheit deshalb auch «das Offene» oder die «offene Mitte». Wahrheit ereignet sich, wenn der Mensch in seiner Beziehung zur Welt diese «offene Mitte» zulässt, wenn er die Dinge durch seinen Blick nicht verstellt. Die «offene Mitte» ist keine Eigenschaft von Aussagen oder objektiven Tatsachen. Sie ist die bestmögliche dynamische Beziehung zwischen Mensch und Welt. Eine Aussage über eine objektive Tatsache kann innerhalb eines bestimmten Weltbildes ein für alle Mal richtig sein. Ob diese Aussage wahr ist, hängt nicht allein von ihrem Inhalt ab, sondern auch von unserer Art, ihr zu begegnen. Eine Aussage ist wahr, wenn sie Raum lässt für die «offene Mitte» und wenn wir für diese Offenheit durchlässig sind.

Wahrheit ist die Qualität einer Beziehung, die sich immer wieder neu entfaltet. Sie ist etwas, das im Augenblick geschieht. Wir können sie nicht festhalten. Wir erfahren Augenblicke der Wahrheit auf ganz verschiedene Weise: als Tiefe, als Stille, als Lebendigkeit oder auch als Funkeln. Etwas zeigt sich auf eine Weise, in der es sich zuvor nicht gezeigt hat. In einem Wort, einem Kunstwerk, der Natur, einer philosophischen oder physikalischen Theorie oder auch in einer menschlichen Begegnung.

Was Martin Heidegger als «offene Mitte» bezeichnet, ist nicht leicht zu erfassen. Aus der Perspektive der feststellbaren Tatsachen ist es ebenso zart wie flüchtig. Es fällt durch das Netz unserer vertrauten Gedankenformen. Philosophen wie Martin Heidegger wird deshalb oft vorgeworfen, dass sie eine Sprache sprechen, die niemand versteht. «Offene Mitte», was soll das denn bedeuten? Unsere vertrauten Worte und Satzstrukturen reproduzieren jedoch stetig das bekannte Netz unserer Gedankenformen. Ideen, die das Netz dieser Gedankenformen grundlegend verändern, können nicht in unserer vertrauten Sprache ausgedrückt werden. Neue Gedankenformen brauchen immer auch eine neue Sprache. Nur wenn wir uns Zeit nehmen, für diese neue Sprache ein Gefühl zu entwickeln, können wir das Netz unserer Gedankenformen verändern. Deshalb lohnt es sich auch für Laien, sich mit schwierigen philosophischen Texten auseinanderzusetzen. Gerade weil wir diese Sprache nicht sofort verstehen, öffnet sie uns eine Tür für neue Erkenntnisse.

6
Eine lebendige Sprache sprechen

«Die Grenzen meiner Sprache sind die Grenzen meiner Welt.»
LUDWIG WITTGENSTEIN

Kinder lernen eine Sprache, indem sie zuhören. Sie entwickeln ein Gefühl für Stimmungen, Tonlagen und Inhalte. Sie kennen die Bedeutung von Sätzen und Worten, bevor sie diese selbst benutzen können. Die Sprache ist eine Hilfe, um die Welt zu verstehen. Oft erschaffen sie eigene Worte, die ihre eigene Gedankenwelt widerspiegeln. Vanilleeis war für mich beispielsweise «Familieneis». Mit Vanille konnte ich nichts anfangen, aber das Eis kam immer in einer großen Box auf den Tisch, von der die ganze Familie essen konnte. «Familieneis» war also nicht der Name einer Eissorte, sondern Ausdruck eines großen Ereignisses mit den dazugehörigen Ritualen und einer riesigen Portion Zufriedenheit. Jeder erinnert sich an solche Kreationen.

Als Erwachsene sind wir fantasieloser geworden. Wir denken nicht mehr viel, wenn wir sprechen, und werden nicht mehr oft von Worten berührt. Wir schieben uns meist Sätze zu wie Konservendosen, die schon lange niemand mehr öffnet, weil wir alle glauben zu wissen, was drin ist. Das Verfallsdatum ist längst abgelaufen. Satzkonserven erkennen wir daran, dass sie uns allzu einleuchtend erscheinen.

Kaum jemand erinnert sich, dass die Worte einmal Nahrung waren für unsere Gedanken, dass wir sie frisch gepflückt und zubereitet haben, jedes Wort eine Mahlzeit, jedes Wort ein Ereignis. Doch es ist durchaus möglich, die Sprache wieder zum Leben zu erwecken. Wir müssen dafür nicht ständig neue Worte erfinden, aber wir müssen wieder ein Gefühl für ihren Charakter entwickeln, für ihren Rhythmus und die Welt, aus der sie kommen. Lebendige Worte zeichnen sich dadurch aus, dass sie wirklich gedacht werden. Wir müssen uns lebendig fühlen, wenn wir sie sprechen oder hören, lesen oder schreiben. Lebendige Worte klingen anders als tote. Sie hinterlassen einen Eindruck. Es ist nicht schwer, dafür ein Gespür zu entwickeln. Wir haben es alle schon einmal besessen. Das folgende Kapitel wird dabei helfen, es zurückzugewinnen.

Wir denken, wie wir sprechen

Im Alltag nutzen wir die Sprache vor allem dazu, Informationen zu vermitteln. Wir versuchen, unsere Sätze so eindeutig wie möglich zu formulieren, damit wir von anderen Menschen verstanden werden. Trotzdem entstehen jede Menge Missverständnisse. Das liegt nicht allein an unserer Unfähigkeit, uns klar und deutlich auszudrücken. Es liegt vor allem daran, dass unsere Sprache ein lebendiges System mit einem Körper, einer Seele und vielen verschiedenen Charakterzügen ist. Wie jedes lebendige Wesen ist sie weit davon entfernt, eindeutig zu sein. Zwar können wir ihre Grammatik und die lexikalische Bedeutung einzelner Wörter relativ eindeutig bestimmen, doch das ist nur das Knochengerüst. Das Wesen und die Wirkung der Sprache sind so komplex wie die Welt, in der wir leben.

Unsere Sprache spiegelt das Wesen unserer Zeit und hält unsere Gedankenformen lebendig. Nur ein Beispiel: Wir haben uns angewöhnt, die Vorgänge im menschlichen Gehirn mit Begriffen aus der Computertechnologie zu beschreiben. Die Begriffe «abspeichern» oder «speichern» ersetzen in der Alltagssprache mehr und mehr den Begriff «sich erinnern». Daten, Geburtstage oder auch Namen werden kurzerhand im Gehirn abgespeichert. Wenn wir uns an etwas Wichtiges erinnern wollen, sagen wir oft «ist gespeichert!». Das scheint uns ganz normal. Es ist ein nüchterner und effektiver Vorgang. Der Vorgang des Sich-Erinnerns ist aber wesentlich komplexer. Erinnerungen bestehen nicht nur aus nüchternen Daten. Sie enthalten all die Stimmungen, Atmosphären, Gefühle, Gerüche, Bilder, die wir mit Menschen oder Ereignissen, an die wir uns erinnern, verbinden. Um einen Aspekt der Erinnerung besonders hervorzuheben, können wir den Begriff «sich etwas merken» benutzen. Sich etwas merken bedeutet, innerhalb einer Erinnerung eine Marke, d. h. ein Zeichen setzen und dadurch eine komplexe Erinnerung zu strukturieren. Etwas abspeichern bedeutet dagegen, es auf eine Datenmenge zu reduzieren. Wir können den Namen eines Menschen abspeichern oder wir können uns an seinen Namen erinnern. Das sind zwei völlig unterschiedliche Vorgänge. Beide haben im Leben ihren Platz, doch je öfter und unbewusster wir lebendige Ereignisse auf bloße Datenmengen reduzieren, desto schneller vergessen wir, was «sich erinnern» eigentlich bedeutet. Es kommt der Zeitpunkt, an dem wir tatsächlich glauben, unser Gehirn sei eine mehr oder weniger leistungsstarke Maschine.

Viele Naturwissenschaftler führen bereits gewissenhaft naturwissenschaftliche Experimente durch, die ihnen genau das bestätigen. Sie sind im Kreislauf ihrer eigenen Begrifflichkeit gefangen.* Am Anfang sind es nur Metaphern, doch diese Metaphern übertragen Gedankenformen, und bald schon scheint uns alles plausibel, was diesen Gedankenformen entspricht. Wenn jemand das menschliche Denken mit Begriffen wie «neuronale Netzwerke» und «Synapsenverbindungen» oder auch «Speicherkapazitäten» beschreibt, scheint uns das einleuchtend. Wir glauben erstaunlich schnell, dass diese Begriffe beschreiben, was «wirklich» in unserem Gehirn vor sich geht. Nicht, weil wir wissen, was sich hinter diesen Begriffen im Einzelnen verbirgt oder weil wir bereits lange und differenziert über den Unterschied zwischen «Gehirnfunktionen» und «Denken» nachgedacht haben, sondern allein deshalb, weil der Vergleich zwischen Mensch und Maschine inzwischen zu unseren vertrautesten Gedankenformen gehört. Dieser Vergleich schlägt sich in der Sprache nieder.

Im Mittelalter hätte das niemandem eingeleuchtet. Die Sprache des Mittelalters ist eine andere als die Sprache der Neuzeit, ihre Struktur ist flexibler, ihre Bilder und Symbole sind blumiger, üppiger und konkreter. Mit dem Beginn der neuzeitlichen Naturwissenschaften haben wir auch die Sprache materialisiert und objektiviert. Wir haben Begriffe, gram-

---

* Einige Neurowissenschaftler unterscheiden nicht mehr zwischen **Gehirnfunktionen** und **Denkprozessen**. Sobald sie herausfinden, dass Denkprozesse mit physischen Gehirnfunktionen korrespondieren, gehen sie davon aus, Gehirnfunktionen seien die Ursache für geistige Vorgänge. Sie sprechen beispielsweise von «Schaltkreisen» und «Gedächtnisspeichern» im Gehirn und glauben dadurch, dem Phänomen der Erinnerung näher zu kommen.

matikalische Strukturen und Rechtschreibung standardisiert. Wir haben uns darauf geeinigt, dass die Sprache der Vermittlung von Inhalten dient. Und das lässt sich am einfachsten bewerkstelligen, wenn sich alle einem Regelwerk unterordnen.

Wenn wir die Sprache auf objektive Aussagen und Inhalte reduzieren, richten wir uns auf den materiellen Gehalt des Lebens aus. Auf diese Weise können wir die objektiven Tatsachen der Naturwissenschaften beschreiben, die pragmatische Welt der richtigen und falschen Behauptungen. Doch all die anderen Aspekte des Lebens bleiben dabei verborgen. Im Laufe der Jahrhunderte haben wir fast vergessen, dass sie überhaupt existieren.

Nur wenn wir eine fremde Sprache lernen, zeigt sich, dass Grammatik und lexikalische Bedeutung von Wörtern viel weniger eindeutig sind, als wir uns das wünschen. Es gibt Satzkonstruktionen, Redewendungen oder auch Witze, die wir nicht verstehen können. Wenn wir aufmerksam sind, merken wir, dass sich einzelne Wörter in der fremden Sprache anders anfühlen als ihre vermeintliche Entsprechung in unserer eigenen Sprache. Viele Menschen machen sogar die Erfahrung, dass ihr Charakter sich verändert, während sie fließend eine andere Sprache sprechen. Die Sprache vermittelt ihnen sofort das Lebensgefühl des Landes, in dem sie gesprochen wird. Wird eine Sprache wie beispielsweise Englisch in vielen Ländern gesprochen, dann genügt schon der unterschiedliche Akzent und Sprachrhythmus, um die landestypische Stimmung zu erzeugen.

Woran liegt das? Auf emotionaler Ebene haben wir mit der Sprache zugleich Zugang zur Tradition und zum kollektiven Bewusstsein eines Landes. Jede Landessprache spiegelt ein anderes System von kollektiven Gedankenformen. Je besser wir sie sprechen, desto besser verstehen wir die Mentalität einer Nation. Der Rhythmus und die Tonlage der Sprache bewegen unseren Geist und unsere Psyche auf ganz eigene Weise. In die kollektiven Gedankenformen der Landessprachen weben wir unsere eigene individuelle Art zu denken und unseren eigenen Atemrhythmus.

Während wir den Inhalt von Texten oder Gesprächen verhältnismäßig leicht in eine andere Sprache übersetzen können, brauchen wir dagegen eine außergewöhnliche Sensibilität und Kunstfertigkeit, um Rhythmus und Tonlage auch nur annäherungsweise zu übertragen. Vor allem in einer Zeit, in der das Bewusstsein für die immateriellen Qualitäten der Sprache in den Bereich der Dichtung verdrängt worden ist. Nur die Sprache der Dichtung darf sich noch den Luxus eines eigenen Rhythmus erlauben. In der reduzierten Sprache der Naturwissenschaften haben die nicht objektivierbaren Aspekte des Lebens keinen Platz: Rhythmus und Atem, Dynamik, Vielfalt und Wandel. Und selbst die Dichtung hat dazu nur noch bedingt Zugang.

Noch immer gehören die Werke Shakespeares zu den beliebtesten Stücken auf allen Theaterbühnen. Das liegt nicht nur an der archetypischen Zeitlosigkeit seiner Geschichten und nicht nur am konservativen Geschmack der Theaterbesucher. Das liegt auch und vor allem an der magischen Schönheit seiner Sprache, die sogar in einigen Übersetzungen unmittelbar spürbar wird. Die Shakespeare'sche Sprache dient nicht in erster Linie der Vermittlung von Inhalten. Sie ist ein organischer Kosmos von Bildern, Rhythmen und Pausen, ein lebendiges Wesen, das uns auch dann berührt, wenn wir den

Inhalt gar nicht verstehen. Sie ist so vielfältig, vielschichtig und vieldeutig wie jeder lebendige Organismus und sie verbindet uns noch heute mit dem Herzschlag einer Welt, von der wir nur noch den Schatten eines Schattens kennen. In einer materialistischen Welt hätte dieser Kosmos nicht entstehen können.

Unsere Sprache ist ein Teil unseres Bewusstseins. Sie ist viel mehr als nur ein Hilfsmittel, um Gedanken auszudrücken oder zu vermitteln. Begriffe sind geistige Organismen, mit denen wir Tag für Tag kommunizieren und die zu einem Teil unseres Wesens werden. Die Sprache, die wir sprechen, die Sprache, die uns umgibt und die Sprache, mit der wir uns beschäftigen, beeinflusst unser Leben mehr, als wir ahnen. Je lebendiger und vielschichtiger ihre Formen sind, desto lebendiger und vielschichtiger ist die Welt, die wir durch unser Bewusstsein formen.

Die Sprache ist zugleich ein individuelles und ein kollektives Phänomen. Jeder Mensch formt die Welt mit seiner eigenen Sprache und wird zugleich selbst geformt von der Sprache, die ihn umgibt. Mit der Sprache, die wir teilen, formen wir unser kollektives Bewusstsein.

In den vergangenen Jahrhunderten haben wir die Sprache von Naturwissenschaft und Technik entwickelt. Das hat unserem Denken eine kühle Präzision gegeben, eine Qualität, zu der wir im Mittelalter noch keinen Zugang hatten. Durch die kühle Präzision des naturwissenschaftlich-technischen Denkens sind wir in der Lage, Teilaspekte der Natur unter die Lupe zu nehmen, ohne gleich den gesamten Organismus berücksichtigen zu müssen. Ein Beispiel aus der Medizin: Wir erforschen das menschliche Ohr oder den Mechanismus der

Herzklappen, ohne das menschliche Wesen als Ganzes im Blick zu haben. Wir haben gelernt, uns auf winzige Details zu konzentrieren, ohne von einer Fülle von Informationen überrollt zu werden.

Der Blick für das lebendige Ganze ist uns dabei allerdings mehr und mehr verloren gegangen. Das zeigt sich daran, dass die Sprache von Naturwissenschaft und Technik immer mehr zu unserer Alltagssprache geworden ist. Wir haben vergessen, dass die Art dieser Sprache und dieses Denkens einen großen Teil unseres Lebens ausblendet. Wir haben vergessen, dass es zwischen «speichern» und «sich erinnern» einen Unterschied gibt. Speichern ist ein technischer Vorgang, und sich erinnern lässt menschliche Geschichte lebendig werden. Wenn wir das einheitliche materialistische Weltbild der neuzeitlichen Naturwissenschaften überdenken wollen, müssen wir auch der Sprache ihren lebendigen Charakter zurückgeben. Nur eine lebendige Sprache formt eine lebendige Welt.

Den Atem der Worte hören

Um unsere Sprache und damit auch unsere Welt lebendig zu halten, brauchen wir die Dichter. In ihren Werken finden wir eine Qualität von Sprache, die wir im Alltag längst vergessen haben. Als Beispiel möchte ich ein kleines Gedicht von Johann Wolfgang von Goethe zitieren. Vermutlich kennen Sie dieses Gedicht, es gehört zu den bekanntesten Versen der deutschen Literatur. Goethe hat es im Jahre 1780 an die Bretterwand einer einsamen Berghütte geschrieben. Es trägt den Titel «Wanderers Nachtlied».

Über allen Gipfeln
Ist Ruh,
In allen Wipfeln
Spürest du
Kaum einen Hauch;
Die Vöglein schweigen im Walde.
Warte nur, balde
Ruhest du auch.[1]

Die meisten der von Goethe verwendeten Worte gehören zu unserem Alltagswortschatz. Und doch hat er sie hier auf ganz einzigartige Weise zusammengefügt. Er hat einen lebendigen sprachlichen Organismus geschaffen, der uns nach mehr als zweihundert Jahren immer noch berührt. Wenn wir dieselben Worte nur ein klein wenig umstellen, wird dieser Organismus zerstört:

Es ist Ruhe
Über allen Gipfeln
Du spürst kaum einen Hauch
In allen Wipfeln
Im Walde schweigen die Vöglein
Warte nur, du ruhest
Auch balde.

Es lohnt sich, beide Versionen laut vorzulesen. Die gleichen Worte, der gleiche Inhalt, und doch so völlig verschieden! In Goethes Gedicht ist die Stille des Waldes so lebendig, dass wir sie fast physisch spüren können, in der «Alltagsversion» des Gedichts ist sie lediglich als tote «Information» enthalten, als lexikalische Bedeutung der Worte. Woran liegt das? Wie kann man Worte zum Leben erwecken?

Für eine Literaturwissenschaftlerin wäre es nicht schwer zu zeigen, wie der Abendwind im Rhythmus der Worte und Sätze durch das Gedicht weht, um sich schließlich mit uns zu verbinden: von den Gipfeln, zu den Wipfeln, zu den Vöglein, zu uns selbst. Sie könnte zeigen, wie uns dieser Abendwind durch die richtige Anordnung von Vokalen und Konsonanten mithilfe unseres eigenen Atems durchweht. Und sie hätte wohl recht. Die Zauberformel dieses Gedichts bedient sich unseres Atems. Das Gedicht wird im Rhythmus unseres Atems lebendig. Ob wir es laut oder leise lesen, spielt dabei keine Rolle.

Obwohl dieses Zusammenspiel hier so offensichtlich wird, hat das Gedicht im Laufe der Jahrhunderte noch nichts von seinem Zauber verloren. Dass Sprache und Atem zusammenspielen, ist ein offenes Geheimnis, doch sind es immer noch die Dichter, die uns dieses Geheimnis nahebringen. Jeder Leser ist ein Teil ihrer Werke, weil er ihrem Kosmos seinen Atem zur Verfügung stellt. So kann jede Geschichte in unserer Geschichte lebendig werden. Ob eine gute Geschichte zu einem lebendigen Organismus wird, hängt auch davon ab, ob sie ihren Rhythmus mit dem Rhythmus unseres Atems verbinden kann. So können sogar Texte, die wir gar nicht verstehen, auf geheimnisvolle Weise wirksam werden.

Eine Sprache, die den Fluss des Atems missachtet, kann Inhalte transportieren, aber nicht die Seele von Menschen bewegen. Nur im Fluss des Atems werden Inhalte lebendig, nur dort können sie Stunden, Tage oder auch Jahrhunderte unbeschadet überstehen.

Die Dichtung schafft schützende Orte, an denen Worte ihre magischen Qualitäten entfalten können. Sie gibt der Sprache als einem lebendigen Wesen Asyl. Von diesem Standpunkt aus ist die Sprache der Dichtung wirklicher als die Sprache der Wissenschaft oder die Sprache des Alltags. Sie ist wirklicher, weil sie lebendiger und damit auch wirksamer ist. Dort können viele Worte überwintern. Bis sich jemand findet, der sie im Fluss des Atems hören und sie lebendig in die Alltagssprache zurücktragen kann.

7
Wirklichkeit umfassender verstehen

«Das eigentliche Problem bei Zeitreisen ist nicht, dass man sein eigener Vater werden könnte. Damit kommt eine gute Familientherapie zurecht. Das Problem ist die Grammatik.»

DOUGLAS ADAMS

Was wir Wirklichkeit nennen, umfasst nur wenige Aspekte dessen, was wir tatsächlich wahrnehmen können. Viele Bereiche unseres Lebens klammern wir einfach aus. Wir erfahren sie, wenn wir Pause machen von der Realität: in Träumen, im Kino, in der Begegnung mit Kunst, Literatur, Musik oder auch beim Sport. Wenn die Pause vorüber ist und die Wirklichkeit des Alltags wieder beginnt, schließen wir die Klammer und vergessen alles, was wir in der Zwischenzeit wahrgenommen haben. Wissenschaftliche Untersuchungen helfen uns, außergewöhnliche «Pausenerfahrungen» so schnell wie möglich wieder in unsere Alltagsrealität einzugliedern. Wir können dann beispielsweise das geheimnisvolle Lächeln der Mona Lisa auf Schizophrenie oder Gesichtslähmung zurückführen und jede Art von Glücksgefühlen auf Hormone. Solche Erklärungen stellen sicher, dass unsere Wirklichkeit auf wenige Dimensionen beschränkt bleibt.

Unsere räumliche Wahrnehmungsfähigkeit ist tatsächlich auf wenige Dimensionen begrenzt. Was aber bringt uns dazu, all die anderen Fähigkeiten der Wahrnehmung ungenutzt brachliegen zu lassen oder sie zum unbedeutenden Freizeitvergnügen zu degradieren? Wer sagt uns, wo die Wirklichkeit anfängt und wo sie aufhört? Die folgenden Abschnitte sollen Sie ermuntern, Ihre Fähigkeiten der Wahrnehmung umfassender zu nutzen und Ihren eigenen Erfahrungen mehr zu vertrauen.

Zunächst befassen wir uns mit den drei Dimensionen des Raumes und der Zeit, weil sie es sind, die uns am meisten gefangen halten. Wenn wir verstanden haben, dass sich auch die Physik schon lange nicht mehr mit diesen Dimensionen zufrieden gibt, wird es leichter sein, sich davon zu verabschieden.

Wie viele Dimensionen hat die Wirklichkeit?

Vier Dimensionen bestimmen unseren Alltag

Es gehört zu unseren täglichen Grunderfahrungen, dass der Raum drei Dimensionen hat: Länge, Höhe und Breite. Diese drei Dimensionen sind in unserer Alltagserfahrung zu einer Einheit verschmolzen. Seit Einstein seine spezielle Relativitätstheorie entwickelt hat, ist – zumindest für Physiker – noch eine vierte Dimension dazugekommen: die Zeit. Die drei Dimensionen des Raumes bilden zusammen mit der Zeit das einheitliche vierdimensionale Gewebe der «Raumzeit».

Die meisten Menschen können sich darunter nichts vorstellen. In ihrer Erfahrung sind die Dimensionen des Raumes und der Zeit immer noch voneinander getrennt. Sie verbinden sich höchstens im Begriff der Geschwindigkeit. Wenn wir in einer bestimmten Zeitspanne eine bestimmte Strecke im Raum zurücklegen, messen wir dieses Zusammenspiel von Zeit und Raum in km/h. Doch damit haben wir noch keine Vorstellung vom Gewebe der «Raumzeit». Wir stellen uns lediglich vor, dass wir uns auf einer Achse der Zeit durch den Raum bewegen. Raumzeit entsteht jedoch, wenn wir die drei Dimensionen des Raumes selbst in Bewegung versetzen.[*] Man könnte sich die Raumzeit als Spur vorstellen, die unsere drei Raumdimensionen hinterlassen, wenn sie sich bewegen. Auch das ist allerdings nicht so einfach. Wenn Sie jetzt versuchen, sich das vorzustellen, bewegen Sie vermutlich gedanklich irgendein dreidimensionales Gebilde durch einen größeren dreidimensionalen Raum. Eine Vorstellung von Raumzeit entstünde jedoch erst durch die Bewegung dieses Raumes selbst.

Viele Physiker, die sich lange und intensiv mit dem Gewebe der Raumzeit auseinandergesetzt haben, berichten davon, dass dieses vierdimensionale Gewebe im Laufe der Zeit ihr Vorstellungsvermögen verändert hat. Das vierdimensionale Gewebe war plötzlich keine abstrakte Angelegenheit mehr, es war ebenso konkret wie zuvor die drei Dimensionen des Raumes. Es scheint also die Möglichkeit zu geben, unserem räumlichen Vorstellungsvermögen eine weitere Dimension hinzuzufügen. Viel mehr als eine weitere Dimension dürfte allerdings schwierig sein. Denn für jede zusätzliche Dimension müssen wir die

---

[*] Da alle unsere Bilder nur drei Dimensionen haben, ist eine exakte Vorstellung der **Raumzeit** nicht möglich. Raumzeit kann lediglich mit den Mitteln der Mathematik exakt beschrieben werden. In der Mathematik sind viele Operationen möglich, die in unserer materiellen Alltagswelt keine Entsprechung haben. Dazu gehören bereits so einfache Dinge wie Brüche, denen keine exakte reale Zahl entspricht, weil diese Rechenoperation unendliche Stellen nach dem Komma zur Folge hat.

bereits bekannten Dimensionen in eine uns bislang unbekannte Richtung bewegen. Es geht nicht darum, neue Wege in einem altbekannten System zu entdecken, sondern die Grenzen des Systems zu überschreiten.

Vier Dimensionen reichen nicht aus, um ein einheitliches Weltbild zu finden

Einige Quantenphysiker und Quantenphysikerinnen arbeiten inzwischen mit mindestens neun räumlichen Dimensionen. Allerdings rein theoretisch. Mathematische Gleichungen können die zusätzlichen Dimensionen präzise beschreiben. Doch vermutlich gibt es niemanden, der sich diese neun Dimensionen wirklich vorstellen kann. Unser Vorstellungsvermögen bleibt auf drei bis vier Dimensionen beschränkt.

Die Annahme von zusätzlichen räumlichen Dimensionen ermöglicht jedoch eine mathematische Verknüpfung aller Grundkräfte des Universums, eine Art universelle Theorie. Es gibt Phänomene, die wir mit den uns bislang bekannten vier Dimensionen nicht erklären können. Dazu gehört beispielsweise das Rätsel der Gravitation. Die Gravitation oder Schwerkraft bezeichnet das Phänomen, dass Körper sich gegenseitig anziehen. Je größer die Masse, desto höher die Anziehungskraft.

Die Gravitation ist eine der vier Grundkräfte des Universums. Sie erscheint uns als außerordentlich starke Kraft. Sie bewirkt die Erdanziehungskraft und bestimmt die Bahnen der Planeten um die Sonne. Im Bereich der Quantenphysik spielt die Schwerkraft allerdings kaum eine Rolle. Dort wirken die drei anderen Grundkräfte des Universums: der Elektromagnetismus sowie die starke und die schwache Kernkraft. Diese Kräfte sind ungeheuer viel stärker als die Schwerkraft. Sie sind so viel stärker, dass es sich in vorstellbaren Zahlen kaum noch ausdrücken lässt. Das führt zu einem seltsamen Ungleichgewicht. Die Gravitation, die auf kosmologischer Ebene so bedeutsam erscheint, wird auf der Ebene der kleinsten Teilchen völlig unbedeutend. Die physikalischen Gesetze unseres Makrosystems scheinen nicht mit den physikalischen Gesetzen unseres Mikrosystems übereinzustimmen. Wir müssen derzeit mit zwei physikalischen Systemen arbeiten: einem System für die Welt im Großen und einem für die Welt im Kleinen. Um im Voraus zu berechnen, wie sich das Universum unter bestimmten Umständen verhalten wird, nutzen wir die Gleichungen der Relativitätstheorie. Für die Welt der Atome nutzen wir die Quantenmechanik. Im Alltag verlassen wir uns auf die Newton'sche Physik.

Die Newton'sche Physik kann sowohl als Spezialfall der Relativitätstheorie als auch als Sonderfall der Quantenmechanik betrachtet werden. Sie ist in beiden Theorien als möglicher Grenzfall enthalten. Doch Quantenmechanik und Relativitätstheorie sind bislang unvereinbar.

Warum ist das problematisch? Es ist problematisch, weil wir nicht wissen, wo zwischen Quantenmechanik und Relativitätstheorie die Grenze verläuft. Warum sollten ab einer bestimmten Größendimension plötzlich andere Gesetze gelten? Viele Physiker gehen davon aus, dass die Gesetze des Universums einheitlich sind, wir diese Einheit aber noch nicht vollständig erfasst haben.

Sie glauben, dass die Schwerkraft auch auf der Mikroebene wirkt, wir diese Wirkung aber nicht erkennen können, weil wir lediglich die vier Dimensionen der Raumzeit wahrnehmen. Wir können jedoch weitere Raumdimensionen denken und berechnen. Strukturen, die innerhalb unserer vierdimensionalen Welt chaotisch, undurchsichtig und widersprüchlich erscheinen, können aus der Perspektive einer fünften Dimension zu einem vollständig symmetrischen, regelmäßigen System werden. Die zusätzliche Dimension bringt Ordnung in das vermeintliche Chaos.

Deshalb sind viele Physiker davon überzeugt, dass die Grenzen unserer Wahrnehmung und die Grenzen unserer Welt bei weitem nicht identisch sind. Die Welt, die wir tagtäglich sehen, ist lediglich die begrenzte dreidimensionale Perspektive einer vieldimensionalen Realität.

Man geht davon aus, dass sich die zusätzlichen räumlichen Dimensionen «nach innen» entfalten. Was das bedeutet, kann bislang nur mit der Sprache der Mathematik beschrieben werden. Einige dieser Zusatzdimensionen sollen jedoch schon bald mithilfe eines neuen, riesigen Teilchenbeschleunigers experimentell bewiesen werden.

Zusätzliche Raumdimensionen sind jedoch nur eine Möglichkeit, um den Phänomenen der Quantenphysik und der Relativitätstheorie gedanklich und mathematisch gerecht zu werden. Andere Theorien fügen den bekannten räumlichen Dimensionen eine endliche oder unendliche Anzahl immaterieller Dimensionen hinzu.

Die Struktur unserer Sprache festigt unser vierdimensionales Weltbild

Warum ist es so schwer, sich mehr als vier Dimensionen vorzustellen? Wir haben unser Denken, unsere Sinnesorgane und unser Vorstellungsvermögen in drei räumlichen und einer zeitlichen Dimension ausgebildet. Auch die grammatikalischen Strukturen unserer Sprache, mit der wir unsere Gedanken formulieren und unsere Wahrnehmungen strukturieren, spiegeln diese Dimensionen. Zu einem vollständigen Satz gehören mindestens ein Subjekt und ein Verb: Der Wagen fährt. Das Subjekt (der Wagen) beinhaltet die drei Dimensionen des Raumes. Das Verb (fährt) beinhaltet die Zeit- und die Bewegungsdimension des Subjektes. In diesem Fall findet die Bewegung in der Gegenwart statt. Sie könnte aber auch in die Vergangenheit (fuhr) oder Zukunft (wird fahren) verlagert werden. Das Verb teilt uns immer mit, an welcher Stelle unserer imaginären Zeitachse wir uns gerade aufhalten. Für eine andere Vorstellung von Raum und Zeit fehlt uns schlicht und einfach die Grammatik. In unserer Sprache bewegt sich immer irgendjemand oder irgendetwas auf einer linearen Zeitachse in einem materiellen oder imaginären dreidimensionalen Raum.

Ein anderes Beispiel. Wir sagen: Der Gedanke verschwindet. Und meinen damit: Der Gedanke verschwindet aus unserem Kopf. Selbst wenn das Subjekt, von dem wir sprechen, keine materielle Substanz hat (der Gedanke), ordnen wir es in unserer Vorstellung einem imaginären Raum zu (unserem Kopf), obwohl noch niemand jemals einen Gedanken in einem Kopf lokalisiert hat. Wir beschränken die Realität des Gedankens auf unsere vierdimensionale Realität mit drei Raumdimensionen und einer Zeit- oder Bewegungsdimension. Wir verlassen uns dabei nicht auf unsere Erfahrung, wir verlassen uns auf die Grammatik! Wann immer wir sprechen oder nachdenken, ordnen wir das, worüber wir sprechen oder nachdenken, räumlich und zeitlich ein. Wir strukturieren unsere gesamte Realität kontinuierlich auf diese Weise. Für weitere Dimensionen gibt es innerhalb dieser Strukturen keinen Platz. Für immaterielle, energetische oder geistige Dimensionen fehlt uns ein zusätzliches Vokabular. Wir wissen oft nicht genau, was die Begriffe bedeuten, mit denen solche Dimensionen beschrieben werden. Wir reduzieren sie unmittelbar auf unsere vierdimensionale Vorstellungswelt. Es ist also nicht verwunderlich, dass uns diese Begriffe nicht immer sinnvoll erscheinen.

Wie sehr wir uns auch abmühen, uns eine weitere Dimension vorzustellen, wir enden immer wieder in unserer altbekannten vierdimensionalen Realität. Das heißt allerdings nicht, dass es keine zusätzlichen Dimensionen gibt. Sie sind lediglich nicht Teil unseres kollektiven Weltbildes. Wir leben im Zeitalter des Materialismus, und unser Weltbild orientiert sich an den drei Raumdimensionen der ausgedehnten Materie. Was wir uns nicht bildhaft räumlich vorstellen können, erscheint uns nicht als real; obwohl wir immer schon die Fähigkeit und die Mittel hatten, viel mehr Dimensionen der Realität zu erfassen. Physiker nutzen die exakte Sprache der Mathematik, um zusätzliche Dimensionen zu beschreiben, Künstler nutzen die Sprache der Dichtung, der Musik oder auch der bildenden Kunst. In diesen Sprachen haben viele Dimensionen der Realität ein Zuhause.

Viele Menschen betrachten diese Dimensionen jedoch

nicht als Realität, sondern lediglich als Abwechslung und im besten Falle als Metaphern. Nicht jeder fühlt sich von all diesen Dimensionen angezogen. Doch wenn wir kollektiv eine Atmosphäre des Denkens schaffen wollen, die kreative Lösungen ermöglicht, müssen wir all diese Dimensionen als Realität anerkennen. Dafür müssen wir zunächst den inneren Widerstand der Gewohnheit überwinden und umfassender denken lernen. Unsere Beschränkung auf die physischen Dimensionen der Realität ist lediglich eine Denkgewohnheit.

Die Natur hat materielle und immaterielle Dimensionen

Ein Freund, der gerade aus Indien zurückkam, war überaus erstaunt zu sehen, dass dort ganz andere Gedankenformen das Leben der Menschen bestimmen. 60 000 Pilger kommen täglich in die Stadt Varanasi, um im Ganges zu baden, sich von ihren Sünden rein zu waschen und einen Schluck des heiligen Wassers zu trinken. Der Ganges wird als Muttergottheit verehrt. Am Ufer des Flusses werden Hunderte von Leichen verbrannt, ihre Asche ins Wasser geschüttet. Zusätzlich werden die Leichen von Kindern und Priestern im Ganges versenkt, Tierkadaver treiben an den Badenden vorbei, Hausfrauen waschen ihre Wäsche, und Tonnen von Fäkalien und vergiftetem Abwasser werden ungefiltert ins Wasser geleitet. Die Anzahl der Kolibakterien ist bis zu 9000-mal höher als der in Indien zugelassene Wert für Badewasser, von Trinkwasser ganz zu schweigen. Der Fluss enthält Unmengen an Leichengiften, Pestiziden, Schwermetallen, Cholerabakterien und Typhusbazillen, um nur einige Gifte und Krankheitserreger zu nennen. Das Maß der Verschmutzung überschreitet die Grenzen des Vorstellbaren bei weitem. Der Fluss steht kurz vor dem biologischen Tod. Es grenzt an ein Wunder, dass Indien nicht permanent von Cholera und anderen Epidemien heimgesucht wird, denn ein Großteil der Städte entlang des Flusses bezieht 70 Prozent des Trinkwassers aus dem Fluss. Darüber hinaus gelangen die Gifte über das Wasser in die Nahrungskette und werden mit jedem Nahrungsmittel erneut aufgenommen. Für die indischen Pilger verkörpert das Wasser des Ganges jedoch den höchsten Grad an Reinheit, es wird sogar als Heilmittel betrachtet. Die ökologische Kampagne «Clean Ganga» versucht verzweifelt der indischen Bevölkerung nahezubringen, dass das Wasser des Ganges auch eine biologische Komponente besitzt.

Für uns sind Flüsse entweder schmutzig oder sauber. Wenn wir baden oder trinken wollen, suchen wir uns Wasser von bester biologischer Qualität. In Indien sind die Flüsse mehr oder weniger heilig. Die Qualität des Wassers hängt vom Grad der Heiligkeit ab. Das heiligste Wasser besitzt die größte Reinheit und kann dem Badenden und Trinkenden am leichtesten zu solcher verhelfen. Der indische Begriff der Reinheit hat nichts mit unserem Begriff der Sauberkeit zu tun. Während wir auf die physischen Aspekte des Wassers fixiert sind, auf seine materielle Beschaffenheit, sind die indischen Pilger allein auf die spirituelle Dimension des Wassers ausgerichtet. Während es uns schwerfällt, die immateriellen Aspekte der Materie anzuerkennen, gibt es in Indien kein Konzept für die materielle Beschaffenheit der Natur. Beide Formen von Blindheit führen auf Dauer zu einer irreparablen ökologischen Katastrophe.

Wie wir bereits gesehen haben, geht Fritz Albert Popp davon aus, dass Nahrungsmittel neben Inhaltsstoffen auch Lichtinformationen auf unseren Organismus übertragen. Bei gleichen Inhaltsstoffen können völlig verschiedene Informationen übermittelt werden. Ein Huhn, das einen natürlichen Lebensraum hatte, vermittelt über seine Eier andere Informationen als ein Huhn aus Käfighaltung. Es reicht also nicht aus zu ermitteln, welche Gifte auf mechanische Weise über Nahrung, Luft oder Wasser auf unseren Körper übertragen werden und wie wir sie mechanisch wieder loswerden können. Wenn wir nicht anerkennen, dass der immaterielle Wirkungsradius der Materie den Radius der materiellen Ausdehnung bei weitem überschreitet, werden unsere biologischen Systeme trotz wachsender Aufmerksamkeit mehr und mehr aus dem Gleichgewicht geraten.

Während ein Großteil der indischen Bevölkerung lernen muss, den physischen Charakter der Natur zu achten, sollten wir ein Bewusstsein für ihre immateriellen Aspekte entwickeln. Wir können uns diese selbst auferlegte Beschränkung auf materielle oder immaterielle Gedankenformen nicht mehr leisten. Wenn wir unsere Lebensgrundlage nicht zerstören wollen, müssen wir in der Lage sein, beide Formen anzuerkennen, zu nutzen und wertzuschätzen.

Wir brauchen Mut, um weitere Dimensionen der Realität erfassen zu können

Um zu zeigen, wie schwer es ist, unbekannte Dimensionen zu erfassen und als Realität anzuerkennen, hat der englische Altphilologe Edwin A. Abbott 1882 eine wunderbare kleine Geschichte veröffentlicht. Diese Geschichte enthält ein Gleichnis von unschätzbarem Wert. Es wird Ihnen helfen wirklich zu verstehen, wie uns unsere kollektiven Gedankenformen in einer begrenzten Realität gefangen halten. Dieses Gleichnis ist ein Schlüssel, der Ihr Denken in kürzester Zeit für viele Dimensionen öffnen kann. Ich werde es deshalb kurz zusammenfassen. Wer es bereits kennt, kann diese Zusammenfassung überspringen.

Die Geschichte trägt den Titel «Flächenland»[*/1] und spielt in einem Land, das nur zwei Dimensionen kennt: Länge und Breite. Die Bewohner des Flächenlandes sind geometrische Formen wie Dreiecke, Vielecke oder Kreise. Wenn wir uns Flächenland vorstellen, sehen wir die geometrischen Figuren von oben aus der dritten Dimension.

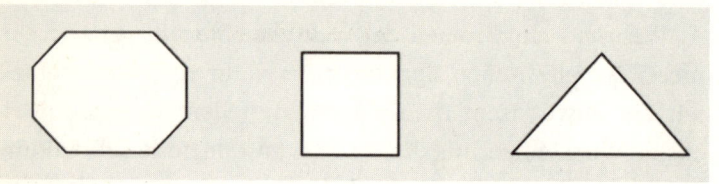

Wenn wir die Perspektive der Flächenländer einnehmen wollen, können wir beispielsweise ein Dreieck aus Papier auf einen Tisch legen und uns mit unseren Augen langsam auf Tischhöhe begeben. Je mehr wir uns mit unseren Augen der Tischkante nähern, desto flacher erscheinen uns die Winkel

* Das kleine Buch ist unbedingt lesenswert, da es die Problematik der Dimensionen auf ebenso amüsante wie aufschlussreiche Weise vermittelt.

des Dreiecks, und sobald wir uns tatsächlich auf Tischhöhe befinden, sehen wir nur noch eine Linie.

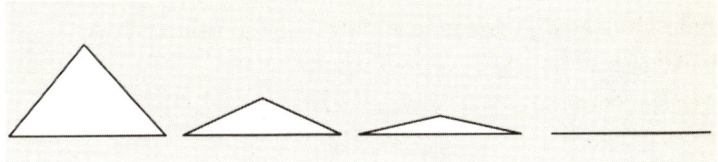

Die Flächenländer sehen alle Formen als Linien. Durch ein ausgeklügeltes Wahrnehmungssystem ergänzen sie die Linien

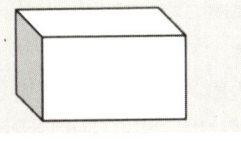

zu Flächen. So wie wir eigentlich nur Flächen und Linien sehen, die wir intuitiv zu Körpern im Raum ergänzen.

Der Erzähler von Abbotts Geschichte ist ein Quadrat. Das Quadrat berichtet von seinen Erfahrungen. Es macht uns mit allen

Problemen des Flächenlandes vertraut. Mit den Gesetzen, der Geschichte und den verschiedenen gesellschaftlichen Schichten. Die gesellschaftliche Stellung eines Flächenländers hängt beispielsweise von der Anzahl seiner Ecken ab.

Eines Tages hat das Quadrat einen seltsamen Traum: Es begegnet dem König des eindimensionalen Linienlandes und versucht ihm zu erklären, wie es in Flächenland aussieht. Doch der König von Linienland ist stur. Er kann sich nicht vorstellen, dass es so etwas wie eine Fläche geben könnte, und er verlangt vom Quadrat Beweise für diese angebliche «zweite Dimension». Für ihn sieht das Quadrat wie eine eindimensionale Linie aus, so wie jede andere Linie in seinem Land.

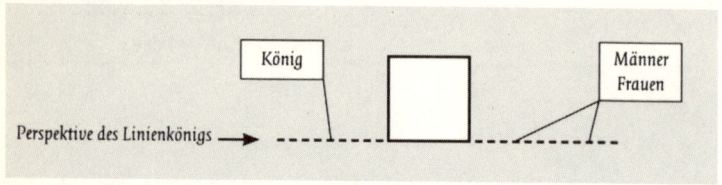

Da das Quadrat aus der Fläche kommt, kann es ganz Linienland auf einmal überblicken. Aus der Perspektive der Linienländer, die aufgereiht auf einer Linie leben und sich kaum fortbewegen können, ist das eine übersinnliche Fähigkeit. Um den Linienkönig möglichst schnell von der Existenz der zweiten Dimension zu überzeugen, erzählt das Quadrat, was es von Linienland gesehen hat. Der König ist wenig beeindruckt. Jedes Kind hätte diese Informationen über Linienland sammeln können. Auch alle weiteren Überzeugungsversuche schlagen fehl. Alle Begriffe, die das Quadrat für seine Erklärungen verwendet, schrumpfen auf den Erfahrungshorizont des Linienlandes zusammen. Es gibt dort schlicht und einfach kein geistiges Konzept für eine Fläche.

Um zu beweisen, dass es trotzdem eine weitere Dimension gibt, bewegt sich das Quadrat aus Linienland heraus, sodass es für den König unsichtbar wird.

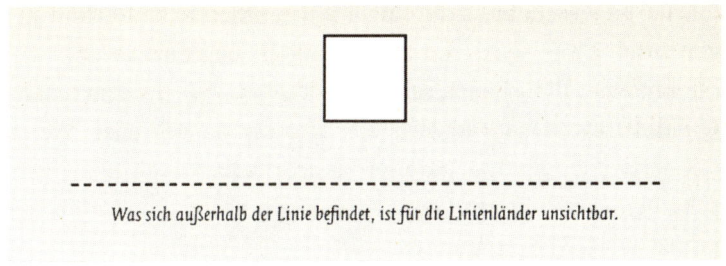

Was sich außerhalb der Linie befindet, ist für die Linienländer unsichtbar.

Doch der hält das alles für einen billigen Taschenspielertrick. Am Ende ist er so verärgert, dass er versucht, das Quadrat auf linienländische Art zu ermorden: mit schrillen Tönen. Das Geschrei der Linienländer reißt das Quadrat aus seinem seltsamen Traum und befördert es zurück nach Flächenland.

Abbot lässt seine Geschichte im Jahre 1999 spielen, im Vorfeld des Jahrtausendwechsels. Die Erzählung war also ursprünglich als Science-Fiction angelegt. Am Silvesterabend erscheint im Haus des Quadrates ein seltsamer Besucher: Ein Kreis, der seinen Umfang ständig verändern kann. Das Quadrat hat keine Ahnung, wie der Kreis in sein Haus gekommen ist, da die Tür verschlossen war. Doch der Kreis behauptet, er sei in Wirklichkeit eine Kugel und komme aus einer dritten Dimension. Die Kugel weiß alles über Flächenland, und da sie von oben auch ins Innere des Quadrates hineinsehen kann, kennt sie sogar seine Träume und Gedanken. Aber das Quadrat ist ebenso ungläubig wie zuvor der Linienkönig. Es lässt sich nicht von einer dritten Dimension überzeugen. Auch dadurch nicht, dass die Kugel etwas aus seinem geschlossenen Schrank holen kann.

Da das Quadrat wie alle Quadrate in Flächenland ein Gelehrter ist, versucht es die Kugel mit geometrischen Erklärungen: Eine Linie wird von zwei Punkten begrenzt. Wenn wir die Linie parallel zu sich selbst verschieben, wird sie zu einem Quadrat. Das Quadrat wird von vier Linien begrenzt. Wenn wir jetzt das Quadrat parallel zu sich selbst nach oben verschieben, entsteht ein Gebilde, das von sechs Quadraten begrenzt wird. Wir nennen es Würfel.

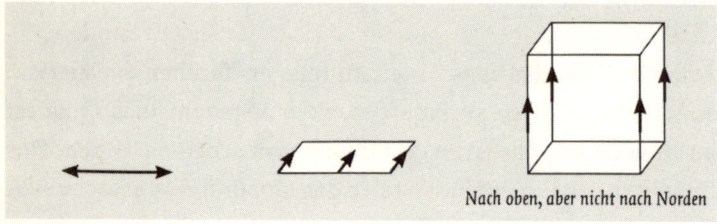

Nach oben, aber nicht nach Norden

Wie Sie sich denken können, scheitert auch diese Erklärung, da sich das Quadrat die neue Richtung «nach oben» nicht vorstellen kann. «Oben» ist für das Quadrat schlicht und einfach «Norden». Alles andere ergibt in Flächenland keinen Sinn. «Nach oben, aber nicht nach Norden» ist in Flächenland keine messbare Größe. Da es der Kugel immer nur zur Jahrtausendwende gestattet ist, einen Flächenländer in die dritte Dimension einzuweihen, und die Zeit knapp wird, greift sie zum äußersten Mittel: Sie erhebt das Quadrat eigenhändig in die dritte Dimension. Im ersten Moment kann das Quadrat gar nichts mehr erkennen. Alles ist verschwommen. Das Quadrat hat keine Begriffe für das, was es jetzt wahrnehmen könnte. Es kann die einzelnen Wahrnehmungsdaten keiner Form zuordnen und hat das Gefühl, wahnsinnig zu werden. Nach und nach entwickelt es jedoch die Fähigkeit, dreidimensional zu sehen. Jetzt kann das Quadrat selbst die Innenseite aller Flächen des Flächenlandes betrachten. Es sieht und hört, was in allen Häusern Flächenlands vor sich geht.

Im Parlament wird gerade ein Dekret verabschiedet. Wie bei jeder Jahrtausendwende sollen alle Personen, die vorgeben, Offenbarungen aus einer anderen Dimension erhalten zu haben, getötet oder aber ins Gefängnis oder Irrenhaus eingeliefert werden. Das Quadrat ist so empört, dass es am liebsten von oben ins Parlament gesprungen wäre, um die Herren selbst von der dritten Dimension zu überzeugen. Die Kugel kann es gerade noch davon abhalten. Sie macht das Quadrat mit allen Gegebenheiten Raumlands vertraut, weiht ihn in die Geheimnisse der Perspektive ein und erklärt ihm die Bauweise der Körper.

Das Quadrat ist so beeindruckt, dass es zum Schluss auch noch ins Innere der Kugel blicken will. Wenn es eine Perspektive gab, aus der man das Innere der Flächen betrachten konnte, dann musste es auch eine Perspektive geben, die das Innere der Körper sichtbar werden ließ: eine vierte Dimension. Wenn wir ein Quadrat nach oben verschieben, entsteht eine geometrische Figur, die von sechs Quadraten begrenzt wird, wir nennen sie Würfel. Analog dazu – so der Gedanke des Quadrats – könnten wir den Würfel in eine neue Richtung verschieben und erhielten ein Gebilde, das von acht Würfeln begrenzt wird. Aus dieser Perspektive müsste man dann das Innere jedes Körpers betrachten können.

Die Kugel war entsetzt: Eine solche Perspektive gebe es auf gar keinen Fall!

Abbotts Parabel zeigt deutlich, wie schwer es ist, Wahrnehmungen zu vermitteln, die unserem Weltbild nicht entsprechen. Wir können eine «neue Dimension» – ganz gleich welcher Art – nicht mit unseren gewohnten Denk- und Wahrnehmungsstrukturen erfassen. Eine «neue Dimension» fordert ein neues Orientierungssystem, das wir erst nach und nach entwickeln können. Wenn wir uns darauf einlassen, herrscht allerdings erst einmal Dunkelheit und Verwirrung. Ein neues Orientierungssystem zu entwickeln, ist immer ein Risiko. Wir wissen nicht, wie lange es dauert, wir wissen nicht, wie es unser Weltbild verändern wird, und wir werden niemals mehr glauben können, die Welt sei so beschränkt wie unsere Wahrnehmungsfähigkeit und unser Vorstellungsvermögen.

Die Philosophie hat sich die Haltung des «Ich weiß, dass ich nichts weiß» schon seit Jahrtausenden zu eigen gemacht. Hinter dieser berühmtesten Aussage des Sokrates verbirgt sich keine falsche Bescheidenheit. Sie ist das Bekenntnis zu einer hohen Kunst: der Kunst, die eigenen Gedankenformen nicht absolut zu setzen. Der Kunst, auf die Sicherheit angeblichen Wissens zu verzichten und zeitweise orientierungslos zu sein. Der Kunst, immer wieder von vorne anzufangen und neu zu denken.

Unsere Gedankenformen strukturieren unsere Wahrnehmungen und formen die Welt, in der wir leben. Sobald unsere Wahrnehmungen auf die gewohnte Weise geordnet sind, haben wir das Gefühl, etwas zu verstehen. Was wir «Verstehen» nennen, ist jedoch lediglich ein «Wiedererkennen». Nur wenn wir diesen Mechanismus durchbrechen, können neue Erkenntnisse entstehen. Es sind die Zwischenräume des «Nicht-Verstehens», die philosophisches Denken ermöglichen. In diesen Zwischenräumen ist Sokrates zu Hause. Sein Kapital ist seine denkerische Beweglichkeit und seine Fähigkeit, in offenen Fragen zu wohnen.

In offenen Fragen wohnen

Als Jostein Gaarder vor einigen Jahren «Sofies Welt» veröffentlichte, waren viele Erwachsene begeistert. Endlich ein Buch, das die Geschichte der Philosophie in einfachen Worten erklärt! Endlich konnte jeder verstehen, was vorher nur wenigen vorbehalten war!

Doch was für viele ein entscheidender Schritt in der Demokratisierung des Wissens zu sein schien, war nur ein weiteres Missverständnis. Denn in der Philosophie geht es eigentlich gar nicht um «Wissen», zumindest nicht im Sinne der Naturwissenschaften.

Im Bereich der Naturwissenschaften werden offene Fragen als Mangel betrachtet. Offene Fragen müssen beantwortet werden, damit wir das Leben besser verstehen und dadurch besser kontrollieren können. Wissen ist Macht. Auch im Alltag sind offene Fragen wie offene Rechnungen: ein Störfaktor. Je schneller sie beantwortet werden, desto reibungsloser können wir unser Leben gestalten.

Philosophische Fragen haben jedoch eine andere Qualität. Sie werden durch keine Antwort aus der Welt geschafft. Sie machen uns mit unserer Fähigkeit vertraut, denkend unsere Welt zu gestalten. Sie sind kein negativer Zustand, sondern vielmehr der Reichtum des Denkens. Es geht nicht darum, die großen Fragen der Menschheit endgültig zu beantworten, sondern darum, ihre Bedeutung zu verstehen und so mit den

Gesetzen im Land des «Nicht-Wissens» vertraut zu werden. Es geht darum, sich so lange dort aufzuhalten, bis das Denken klarer, facettenreicher und beweglicher geworden ist. Was ist der Mensch? Was ist das Leben? Was ist Gerechtigkeit? Die Werke der Philosophen helfen uns, solche Fragen auf unterschiedliche Weise zu durchdenken. Sie machen uns mit verschiedenen Weltbildern vertraut und geben uns die Möglichkeit, uns mit unserem eigenen Weltbild auseinanderzusetzen. Sie lehren uns verschiedene Möglichkeiten des Denkens.

Denken ist eine Fähigkeit, Wahrnehmung auf jeweils angemessene Weise zu strukturieren. Was unserer Zeit und unserem Leben sowohl persönlich als auch politisch angemessen ist, können wir nur herausfinden, wenn uns viele Möglichkeiten zur Verfügung stehen und wir nicht immer wieder dieselben Gedankenformen reproduzieren. Denn Wahrnehmungen werden erst durch die Interpretation des Denkens zu der Welt, in der wir leben. Um für unsere Wahrnehmungen eine angemessene Struktur zu finden, müssen wir verschiedene Möglichkeiten gegeneinander abwägen können.

Wenn wir lediglich wissen, was Platon über die Welt der Ideen gesagt hat, hilft uns das nicht weiter. Wenn wir aber in der Lage sind, wirklich zu verstehen, warum die Welt der Ideen für Platon realer war als die Welt der Materie, können wir unsere eigene Welt mit anderen Augen betrachten. Wir sind nicht mehr auf die gleiche Weise an den Materialismus unserer Zeit gebunden.

Die weltweiten politischen, ökologischen und wirtschaftlichen Krisen zeigen deutlich, dass es an der Zeit ist, unser Weltbild zu überdenken. Innerhalb dieses Weltbildes scheinen alle Lösungsmöglichkeiten ausgeschöpft. Wir müssen deshalb infrage stellen, was wir für selbstverständlich halten. Philosophie und Literatur waren uns dabei schon immer behilflich. Wir haben sie nur nicht immer ernst genommen.

Experten im Nicht-Verstehen

Eine gute Freundin sollte beim Vorstellungsgespräch in einer Beratungsfirma einen äußerst komplexen juristischen Text in eine allgemeinverständliche Sprache übersetzen. Ich befürchtete, dass das für sie als Nichtjuristin besonders schwierig war, aber sie sagte: «Kein Problem, wir Philosophen sind ja schließlich Experten im Nicht-Verstehen!»

Ein unverständlicher Text war für sie nichts Beunruhigendes. Sie wusste, dass sie ihre gewohnten Gedankenformen für eine Weile zurückstellen und sich auf die juristischen Denkmuster einlassen musste. Wenn wir bewusst unsere gewohnten Gedankenstrukturen beiseite schieben, befinden wir uns in einem Zustand des aufmerksamen «Nicht-Verstehens». Wenn wir uns in diesem Zustand einem sinnvollen, aber zunächst unverständlichen Text zuwenden, bilden sich durch die Sprache des Textes die Gedankenformen, die wir brauchen, um ihn zu verstehen; die Sprache eines Textes vermittelt die Gedankenformen, die ihn gebildet haben. Wenn wir unsere Wahrnehmungen beim Lesen des Textes allerdings unmittelbar mit unseren gewohnten Gedankenmustern strukturieren, bleibt der Text unverständlich. Wir ordnen unsere Wahrnehmungen auf eine Weise, die dem Inhalt des Textes nicht angemessen ist, und verursachen dadurch gedankliches Chaos.

Der Zustand des aufmerksamen Nicht-Verstehens ist die

Voraussetzung dafür, dass sich unsere sinnlichen oder gedanklichen Wahrnehmungen auf bislang unbekannte und dennoch sinnvolle Weise ordnen können. Wie lange das jeweils dauert, wissen wir nicht. Hat sich die neue Ordnung eingestellt, können wir prüfen, ob sie mit unserer gewohnten Ordnung in Einklang gebracht werden kann. Woher aber wissen wir, ob sich eine neue Ordnung eingestellt hat?

Wenn wir mit unseren gewohnten Gedankenformen auf einen unverständlichen Text treffen, sind wir – je nach persönlicher Konstitution – verärgert, frustriert oder gelangweilt. Wir versuchen, unser Weltbild zu verteidigen. Solange wir versuchen, unser Unverständnis mit Argumenten zu verteidigen, sind wir von einer neuen Ordnung weit entfernt. Wir müssen lernen, unsere gewohnte gedankliche Ordnung für einen Augenblick grundsätzlich infrage zu stellen. Dadurch entsteht eine belebende innere Unruhe. Mit dieser Unruhe sind wir dem Zustand des aufmerksamen Nicht-Verstehens schon näher. Wir können dem Unbekannten offen und auf freundschaftliche Weise begegnen. Eine neue Ordnung kündigt sich meist langsam durch eine «Ahnung» an. Wir haben das Gefühl, etwas Neuem zu begegnen, können aber noch nicht genau sagen, worum es sich handelt. Wir haben noch keine Sprache für das, was wir zu verstehen beginnen. Erst wenn wir diese Sprache finden, können wir entscheiden, ob und inwiefern die neuen Gedankenformen unsere Wahrnehmung angemessen strukturieren. Wir haben ein neues Werkzeug des Denkens dazugewonnen.

Je mehr dieser Werkzeuge uns zur Verfügung stehen, desto angemessener können wir in jeder Situation denkend unsere Wirklichkeit gestalten. Jeder wirklich neuen Erkenntnis geht der Zustand des aufmerksamen Nicht-Verstehens voraus. Es ist der ursprünglich philosophische Zustand. Nur in diesem Zustand können wir entscheiden, welche Werkzeuge des Denkens eine spezifische Wahrnehmung angemessen strukturieren. Je wohler wir uns in diesem Zustand fühlen, desto offener sind wir für neue Erkenntnisse – seien sie philosophischer, psychologischer oder auch naturwissenschaftlicher Art.

Sich mit diesem Zustand anzufreunden, ist der erste Schritt in der Veränderung des Denkens. Er kann nur zeitweise in Verstehen umgewandelt werden, aber niemals in endgültiges und abrufbares Wissen.

Denken und Rechnen

Der Philosoph Martin Heidegger unterscheidet zwei Formen des Denkens: «rechnendes Denken» und «denkendes Denken». Wenn wir «rechnend denken», ordnen wir Informationen nach bekannten Mustern, wir interpretieren unsere Wahrnehmungen nach den Grundregeln unseres Weltbildes. Rechnendes Denken ist das routinemäßige, intellektuelle Verarbeiten von Informationen. Das Ergebnis ist meistens Wissen, das aus der Perspektive unseres Weltbildes richtig ist.

Hätte Werner Heisenberg lediglich rechnend gedacht, wäre er niemals auf den Gedanken der Unschärferelation gekommen. Er hätte die Informationen, die ihm zur Verfügung standen, anders verarbeitet. Um die Unschärferelation zu entwickeln, musste er sein Verständnis von Materie und damit sein Weltbild grundsätzlich infrage stellen. Er musste sich vollständig in den Zustand des Nicht-Verstehens bzw. Nicht-

Wissens versetzen und die Phänomene, die er beobachtet hatte, von dort aus betrachten. Und mit der Zeit entwickelte sich eine neue Struktur.

Die Quantenphysik konnte entstehen, weil eine Gruppe hochbegabter Physiker in der Lage war, ihre naturwissenschaftliche Beobachtungsgabe und ihre mathematischen Fähigkeiten mit philosophischem Denken zu verbinden. Diese Verbindung von exakter naturwissenschaftlicher Methodik und der Weite des geisteswissenschaftlichen Denkens ist von besonderer Bedeutung. Sie markiert das Ende der rein materialistischen Physik, ohne die Errungenschaften der neuzeitlichen Naturwissenschaften preiszugeben.

Über viele Jahrhunderte haben Naturwissenschaftler und Geisteswissenschaftler in verschiedenen «Universen» geforscht; die Ergebnisse ihrer Untersuchungen schienen nichts miteinander zu tun zu haben. Die Tätigkeitsbereiche von Physikern und Philosophen waren weit voneinander entfernt.[*] Die einen erforschten die Materie, die anderen den Geist. Es war undenkbar, dass beide voneinander profitieren könnten. Je mehr die Materie an Bedeutung gewann, desto unwichtiger wurde die Welt des Geistes. Bis am Ende auch das Denken für ein rein materielles Phänomen gehalten wurde, für eine Ansammlung neuronaler Prozesse und Synapsenverbindungen. Denn alles andere war nicht messbar, und was nicht messbar war, war nicht real.

[*] Die Spaltung zwischen **Naturwissenschaften** und **Geisteswissenschaften** ist ein Phänomen unserer Zeit. Im Mittelalter und vor allem in der Antike forschten viele Wissenschaftler in beiden Bereichen. Zahlreiche Philosophen wie beispielsweise **Thales,** **Demokrit** oder **Aristoteles** waren Mathematiker oder Naturforscher. In der frühen Neuzeit sind **Descartes** oder **Leibniz** gute Beispiele für ein Miteinander der Disziplinen. Auch **Newton** wurde von seinen Zeitgenossen als Philosoph bezeichnet.

Dass Denken verschiedene Formen haben kann, ist dabei in Vergessenheit geraten. Kaum jemand weiß mehr, wie man sich aktiv und aufmerksam in einen Raum des Nicht-Wissens begibt und dadurch ermöglicht, dass neue Erkenntnisse entstehen. Auch an den meisten Universitäten wird diese Fähigkeit schon lange nicht mehr gelehrt. Übrig geblieben ist lediglich das intellektuelle Verarbeiten von Informationen, eine nützliche, aber doch auch kümmerliche Variante des Denkens.

Vor allem ist es jedoch eine Variante des Denkens, die unsere gegenwärtigen ökologischen, ökonomischen und sozialen Probleme nicht zu lösen vermag. Denn all die Informationen, mit denen wir Problemlösestrategien entwickeln könnten, sind selbst Teil dieser Probleme. Wir sammeln und verarbeiten diese Informationen mithilfe derselben Gedankenformen, die zur Entstehung der Probleme beigetragen haben. Wenn wir beispielsweise versuchen, das Problem der Arbeitslosigkeit dadurch zu lösen, dass wir den Konsum ankurbeln, dann investieren wir erneut in ein Weltbild, das die Materie als oberstes Prinzip anerkennt. Wir verstehen Arbeit als Möglichkeit, die materiellen Grundbedürfnisse des Lebens befriedigen zu können. Diese Grundbedürfnisse können jedoch schon lange befriedigt werden, ohne dass alle Menschen voll beschäftigt sind. Also produzieren wir künstlich neue Bedürfnisse, um von unserer Definition der Arbeit nicht abrücken zu müssen. Sinn unserer Arbeit ist die Anhäufung materieller Güter. Je mehr materielle Güter wir anhäufen, desto mehr Arbeit wird geschaffen. Innerhalb unseres materialistischen Weltbildes ist das ein logischer Schluss. Er klingt sogar realistisch. Doch solange wir glauben, «realistisch» zu denken, verarbeiten wir lediglich Informationen auf der Grundlage altbekannter Strukturen. «Realistisch» ist, was unserem Weltbild entspricht. Je «realistischer» wir den Arbeitsmarkt betrachten, desto weiter sind wir davon entfernt, das Phänomen Arbeit anders zu denken.

Angenommen, wir verstünden Arbeit als eine Möglichkeit, unsere Fähigkeiten mit anderen zu teilen und unsere Lebenszeit sinnvoll zu gestalten. Angenommen, Arbeit wäre nicht nur ein materielles, sondern auch ein geistiges Phänomen. Wie würden wir dann das Problem der Arbeitslosigkeit angehen? Wie würden wir Arbeit vergüten und welches Interesse hätten wir daran, dass jeder Mensch die Möglichkeit erhält, seine Fähigkeiten zu teilen? Der Gegenwert für Arbeit wäre dann vielleicht nicht mehr nur Geld, sondern auch Sinn. Es wäre vielleicht nötig, viele Arbeitsbereiche so zu gestalten, dass sie dem menschlichen Wesen anders gerecht werden. Vielleicht würden die Menschen sogar auf ganz andere Bedürfnisse aufmerksam werden. Auf Bedürfnisse, von denen sie derzeit noch nicht einmal wissen, dass sie existieren, auf Bedürfnisse, die etwa vom Wunsch nach Konsumgütern überlagert werden. Und vielleicht würden dann gerade diese Bedürfnisse neue Arbeitsplätze schaffen. Das mag im Augenblick utopisch klingen, aber letztlich ist es nicht mehr als eine Verschiebung von Gedankenformen.

Solange wir glauben, «realistisch» zu denken, haben wir immer schon vorab definiert, wie die Wirklichkeit zu sein hat. Denken bedeutet dann lediglich, diese Wirklichkeit so gut wie möglich zu verwalten und ihre Einzelteile so zu kombinieren, dass innerhalb eines vorgegebenen Systems keine Unstimmigkeiten entstehen.

Die Ergebnisse der Quantenphysik haben uns gezeigt, dass das nicht mehr möglich ist. Und wenn wir den Zustand unseres Planeten betrachten, ahnen wir auch, dass es sich lohnt, schnell zu handeln; doch sind wir nur zögerlich bereit, unser Weltbild zu verändern. Das liegt vor allem daran, dass wir nicht wissen, wie unser neues Weltbild aussehen könnte. Wir wissen nicht, was geschehen wird, wenn wir es wagen, anders zu denken. Wir haben keine Erfahrungsgrundlage für unsere Entscheidungen. Wir wissen nicht, was sich bewähren wird, und warten deshalb lieber ab – bis zum allerletzten Augenblick.

Wenn es an der Zeit ist, ein Weltbild zu verändern, müssen wir zunächst unsere Vorstellung dessen überdenken, was real ist. Für real halten wir immer das, was unser Weltbild bestätigt. Auch dann, wenn dieses Weltbild schon lange nicht mehr stimmig ist. Der «Realismus» ist die Routine des Denkens. Er ist nützlich, solange wir uns innerhalb eines stimmigen Systems bewegen. Damit ein stimmigeres Weltbild entstehen kann, müssen wir unseren «Realismus» jedoch zeitweise außer Kraft setzen. Das geschieht, indem wir wahrnehmen lernen, nach welchen Mustern und mit welchen Denkstrategien wir bislang unsere Welt gestaltet haben – sowohl privat als auch wissenschaftlich oder im öffentlichen Raum. Wir müssen all unsere Sinne und Wahrnehmungsorgane schärfen und wieder lernen, ins Offene hinein zu denken. Vor allem aber müssen wir es wagen, Fehler zu machen. Denn solange wir kein stimmigeres Weltbild gefunden haben, können wir nicht wissen, was «realistisch» ist und was nicht.

Die Etikette der Gedankenformen

Wenn in einem Restaurant alle Männer mit Anzug und Krawatte bekleidet sind, fühlen Sie sich – egal ob Mann oder Frau – unwohl in Ihrer Jeans, auch wenn Ihnen alle anderen glaubhaft versichern, dass es ihnen gleichgültig ist, wie Sie angezogen sind. Das ist dann eben eine Anzug- und Krawattenatmosphäre, die eine einsame Jeans nicht durchbrechen kann. Das nächste Mal werden Sie sich vermutlich anpassen.

Während Kleiderordnungen offensichtlich sind, entfalten sich Denkordnungen meist im Verborgenen. Doch sie sind deshalb nicht weniger wirksam. Vielleicht ist Ihnen schon einmal aufgefallen, dass bestimmte Menschen oder Umgebungen Ihre Gedanken beeinflussen können. In der Gegenwart von Tante Gertrud denken Sie sofort an Ihre schmutzigen Wohnzimmerfenster, bei Mike haben Sie Lust, sich mal wieder eine neue CD zu kaufen, und mit Ina sind Sie sofort in philosophische Gespräche vertieft. Natürlich liegt das daran, dass Tante Gertrud die perfekte Hausfrau ist, Mike ein Musiker und Ina ein Bücherwurm. Aber Sie sind ja auch noch da! Sie könnten ja auch mit Gertrud philosophische Gespräche führen, bei Mike an Ihre Wohnzimmerfenster denken und bei Ina an die CD. Aber irgendwie ist das nicht möglich. Vor allem dann nicht, wenn Sie diese Menschen zu Hause besuchen. Deren Gedankenformen sind dort so leidenschaftlich präsent, dass Sie sofort davon angesteckt werden – ob es Ihnen nun passt oder nicht.

Gedankenformen sind Ordnungssysteme, die nicht in einem Kopf gefangen sind, sie bestimmen die Atmosphäre eines Raumes. Sie spiegeln sich in der Wohnungseinrichtung und manchmal auch in der Art, wie das Essen zubereitet wird. In der eigenen Wohnung haben deshalb meistens die eigenen Gedankenformen die stärkste Wirkung. Sie sind dort überall enthalten. In öffentlichen Räumen hängt es davon ab, welche Menschen sich dort überwiegend aufhalten. In Banken sind andere Gedankenformen präsent als in Galerien oder auf Wochenmärkten. Und wenn Sie sich lange dort aufhalten, werden Sie sich vermutlich anpassen. An Universitäten kann man oft schon von weitem erkennen, welche Studenten zu welcher Fakultät gehören. Sie teilen dieselbe Denkatmosphäre, sie sprechen dieselbe Sprache und strukturieren ihre Welt auf eine ähnliche Weise. Nach außen hin spiegelt sich das in ihrer Frisur, ihrem Kleidungsstil oder der Art, wie sie sich bewegen. Die meisten Menschen stellen sich in öffentlichen Räumen auf die Gedankenformen ein, die sie umgeben. Nur wenige sind in der Lage, ihre Umgebung durch eigene Gedankenformen zu prägen.

Je mehr Menschen ihre Wahrnehmungen mit denselben Gedankenformen strukturieren, desto prägender werden diese Gedankenformen für die Umgebung. Ganze Länder oder auch geschichtliche Epochen können davon bestimmt werden. Je kollektiver die Gedankenformen sind, desto einleuchtender erscheint das Weltbild, das dadurch entsteht. Wir halten es für die Wahrheit und kommen gar nicht mehr auf die Idee, dass es auch anders sein könnte.

Vielleicht haben Sie auch schon einmal erlebt, wie schwer es ist, im Hoheitsgebiet einer autoritären Führungsperson kreative Sitzungen abzuhalten. Ideen, die im Gespräch mit Kollegen funkeln wie Brillanten, erscheinen dort schal und unbrauchbar. Je unbewusster wir mit Gedankenformen umgehen, desto leichter kann es passieren, dass uns die Ideen anderer plötzlich so viel einleuchtender erscheinen als unsere eigenen. Erst wenn wir den Sitzungsraum verlassen haben und unsere eigenen Ideen wieder zu funkeln beginnen, fragen wir uns, warum wir sie nun eigentlich doch nicht vorgetragen haben. Wenn uns solche Situationen bevorstehen, ist es hilfreich, sich Verbündete zu suchen und sich gemeinsam der Gedankenformen bewusst zu werden, die überwunden werden müssen, um Raum zu schaffen für kreative Lösungen.

Firmen, Unternehmen, Arbeitsräume oder Ausbildungsstätten sind geistige Organismen. Je älter und mächtiger sie sind, desto schwerer wird es, sie zu verändern. Deshalb ist es oft sinnvoll, zunächst ein Bewusstsein für den eigenen gedanklichen Organismus zu schaffen und ihn zu stärken. Ein gutes Übungsfeld sind Gespräche mit Versicherungsvertretern oder anderen geschickten Verkäufern. Sie wissen genau, wie man Gedankenformen der Angst oder Gier aktiviert, sodass Sie plötzlich ihr ganzes Leben durch diese Brille betrachten. Verkäufer arbeiten mit Wünschen, Ängsten und Begierden, den machtvollsten Gedankenformen des Materialismus. In ihrer Gegenwart finden wir es auf einmal großartig, dass wir mit dem schnellsten DSL-Internet-Anschluss Videos und Musikdateien in Sekundenschnelle herunterladen können, obwohl wir uns noch nie für solche Dateien interessiert haben und es auch in Zukunft nicht tun werden. Wir sind begeistert, dass wir im Kofferraum des neuen Autos im Notfall sogar eine Schrankwand transportieren können, obwohl wir gar keine besitzen.

Wir geraten in den Sog von Gedankenformen beim Anblick von Sonderangeboten oder auch der Aussicht auf mehr

Geld, Anerkennung, Erfolg oder Sicherheit. Wenn wir aufmerksam sind, können wir sogar beobachten, wie sie unsere Wahrnehmung ergreifen und verändern. Für diesen kurzen Augenblick haben wir die Wahl. Brauchen wir wirklich eine größere Festplatte, ein neues Fahrrad oder eine Brotbackmaschine? Wer bezahlt eigentlich wirklich für eine Dose Thunfisch, die ein paar Cent kostet, oder ein T-Shirt für 5 Euro? Denn irgendjemand bezahlt immer an unserer Stelle den vollen Preis: Menschen mit ihrer Gesundheit und Arbeitskraft, die Erde mit ihren Ressourcen und dem Verlust des ökologischen Gleichgewichts. Was geschieht eigentlich wirklich mit all dem Müll und Elektroschrott, den wir produzieren? Im Sog der materiellen Gedankenformen gehen solche Fragen unter. Sie zu stellen, hilft uns dabei, uns diesem Sog zu entziehen und ein Bewusstsein für den Raum unserer eigenen Gedanken und Werte zu schaffen.

Für viele Menschen ist es eine einschneidende Erfahrung, längere Zeit in einem fremden Kulturraum zu verbringen, mit anderen kollektiven Gedankenformen. Manches, was sie bis dahin für selbstverständlich und unumstößlich gehalten haben, wird plötzlich infrage gestellt. Sie nehmen Dinge wahr, die vorher für sie nicht existiert haben. Eine Freundin verbrachte einige Jahre als Entwicklungshelferin in Afrika. Sie war eine nüchterne Naturwissenschaftlerin, deren Denken und Handeln von rationalen Gründen geprägt war. Als sie nach einigen Monaten zum ersten Mal wieder nach Hause kam, berichtete sie, dass sie dort sehen konnte, dass die Natur ein lebendiges Wesen war. Ein Gedanke, den sie zuvor in Deutschland als irrational abgelehnt hätte. Was sie am meisten erstaunt hat, war, dass die Natur in Afrika einfach lebendig war. Das war keine Idee, mit der sie sich auseinandersetzen oder über die sie nachdenken musste. Es war die Wirklichkeit. Die Natur zeigte sich dort als lebendiges Wesen, so wie sie sich in Deutschland als naturwissenschaftliches Untersuchungsobjekt gezeigt hatte. Ein Baum in Afrika und ein Baum in Deutschland waren nicht dasselbe. Für eine Naturwissenschaftlerin, die an die objektive Wahrheit geglaubt hatte, eine verwirrende Erkenntnis.

In unserer Kultur sind im Augenblick die Gedankenformen des Materialismus prägend. Sie bestimmen einerseits, wie uns das, was wir wahrnehmen, erscheint, und haben sich andererseits längst in unserer Umgebung verfestigt – wie Tante Gertruds Wohnzimmereinrichtung. Je länger wir mit bestimmten Gedankenformen leben, desto schwerer wird es, sich davon zu trennen, wenn es nötig wird. Das ist ein Teufelskreis. Wenn wir ihn durchbrechen wollen, müssen wir zuallererst die Macht der Gedankenformen erkennen. Wir müssen sehen, dass sie lediglich eine Möglichkeit darstellen, unsere Wirklichkeit zu gestalten. Wenn wir uns mit unserer eigenen Vergangenheit oder auch mit anderen Kulturen auseinandersetzen, treffen wir auf andere Gedankenformen, die andere Welten erschaffen haben. Wir können ein Gefühl für ihre Auswirkungen entwickeln, uns langsam aus dem Bannkreis unseres gewohnten Denkens entfernen und irgendwann selbst entscheiden, wie wir unsere Wirklichkeit gestalten wollen.

Tausend Welten gegen eine

Der kleine Sohn einer Freundin ist neulich um 6 Uhr morgens in allerbester Laune aufgewacht. Er hatte im Traum jede Menge Schätze ausgegraben. Die Glücksstimmung der Nacht hat ihn den ganzen Tag über begleitet. Es spielte keine Rolle, dass er die Schätze nicht in eine der vielen Kisten in seinem Zimmer einsortieren konnte. Er hatte sie in einer anderen Welt gefunden, dort waren sie immer noch, das war genug. Und – was vielleicht wichtiger war als alles andere – er war auch im Wachzustand mit dieser anderen Welt verbunden.

Wenn wir im Traum ein neues Auto geschenkt bekommen, ist es sehr wahrscheinlich, dass wir am nächsten Morgen bedauern, dass es «nur» ein Traum war. Warum eigentlich? Wer sagt uns denn, dass die Welt unseres Traumes weniger real ist als unsere Alltagsrealität? Immerhin haben wir dort die halbe Nacht verbracht! Sicher, das Auto ist nicht auf dieselbe Art real wie das Auto, mit dem wir täglich zur Arbeit fahren, aber warum sollte es gar nicht real sein? Warum halten wir die Tür zu dieser anderen Welt nicht offen und überprüfen, wie sie sich auf unsere Alltagswelt auswirkt? Der Sohn meiner Freundin hat seine immateriellen Schätze den ganzen Tag lang genossen, sie hatten definitiv eine Wirkung. Der Wert eines Schatzes hängt für ihn noch nicht davon ab, ob er in einem Auktionshaus zu Höchstpreisen versteigert werden kann. Der Wert eines Schatzes wird von seiner Schönheit bestimmt und von dem Glück, das er beschert.

Wir tauchen jede Nacht in die Welt der Träume ein und retten selten etwas davon in unseren Tag. Die meisten Menschen haben die Welt ihrer Träume schon beim Erwachen wieder vergessen. Mit den ersten Sinneswahrnehmungen des Tages schließen die Gedankenformen des Materialismus diese Tür. Sie sortieren unsere Wahrnehmungen in «real» und «irreal». Real heißt dabei auf irgendeine Weise materiell fassbar. Was nicht in diese Kategorie passt, wird so schnell aussortiert, dass wir uns noch nicht einmal daran erinnern können. Wir haben gar nicht mehr die Chance zu überprüfen, ob eine immaterielle Welt real sein könnte. Es sei denn, wir entscheiden uns bewusst dafür, dieser Welt unsere Aufmerksamkeit zu schenken. Die Gedankenformen des Materialismus wirken so mechanisch und selbstverständlich, dass es einer Anstrengung bedarf, um sie beiseite zu schieben. Um zu verhindern, dass die Welt der Träume während des Tages einfach aussortiert wird, müssen wir uns bewusst damit auseinandersetzen. Wenn wir uns bemühen, jede winzige Erinnerung an diese Welt aufzuschreiben – auch mitten in der Nacht –, können wir die Tür im Laufe der Zeit einen Spalt offen halten.

Seit Sigmund Freud ist die Welt der Träume zwar auch in der westlichen Welt wieder angekommen. Allerdings hauptsächlich als pathologisches Phänomen. Wir nennen sie die Welt des «Unbewussten» und denken, sie sei so etwas wie ein Erweiterungsspeicher unserer Psyche, eine Art nachtaktives Erinnerungsvermögen. Damit haben wir uns abgefunden. Es ist der immateriellste Zipfel unserer materiellen Welt. Wir setzen uns damit auseinander, wenn es gar nicht mehr anders geht, d. h. wenn wir krank werden. Solange wir gesund sind, denken wir nicht darüber nach. Und wissen auch nicht wirklich, was es damit auf sich hat.

Wenn wir bedenken, wie viel Zeit wir in der Traum-Welt verbringen, ist es erstaunlich, wie selbstverständlich wir sie ausblenden. Außer ein paar Psychologen oder Esoterikern scheint sich niemand dafür zu interessieren. C. G. Jung hat herausgefunden, dass unsere Kreativität aus dieser Welt gespeist wird, und es gibt jede Menge Literatur, die uns helfen könnte, die Gesetze dieser Welt zu verstehen. Denn wer einmal einen Traum hatte, weiß, dass diese Welt nach anderen Gesetzen funktioniert als unser Alltag. Wir verbringen Jahre damit, Fertigkeiten zu erlernen, mit denen wir unseren Alltag gestalten können. Um die Nächte kümmern wir uns wenig. Wenn wir gerädert aufwachen, vermuten wir, es habe an der Matratze gelegen oder auch daran, dass wir am Vorabend zu viel gegessen oder zu viel gearbeitet haben.

Es ist nicht etwa so, dass wir die Welt der Träume nach bestem Wissen und Gewissen untersucht haben und schließlich zu der Auffassung gelangt sind, dass dort nichts Interessantes vor sich geht. Unsere Auffassungsgabe und unser Wahrnehmungsvermögen kommen dort gar nicht erst zum Einsatz. Die Macht der Gedankenformen bringt uns dazu, ein Drittel unserer Lebenszeit unbesehen brachliegen zu lassen.

Und das ist nur ein Beispiel. In wie viele Welten tauchen wir ein, ohne sie wirklich ernst zu nehmen? Wir freunden uns mit Romanfiguren an, um ihnen hinterher zu sagen, dass sie eigentlich nicht wirklich sind. Und doch können sie unser Leben stärker beeinflussen als unsere Nachbarin. Wer war nicht schon einmal tieftraurig, weil ein geliebter Roman zu Ende ging?

Wir glauben, es sei gefährlich, all diese Welten für wirklich zu halten. Wir glauben, dass wir uns dann in unserer Alltagswelt nicht mehr zurechtfinden. Wir sagen, das sei eine «Flucht aus der Wirklichkeit», wobei wir selten darüber nachdenken, was dieser Begriff eigentlich bedeutet. Woher wissen wir denn, wo die Wirklichkeit beginnt und wo sie endet? Wir verhalten uns, als sei die Wirklichkeit eine winzige Wohnung, in die wir uns eingeschlossen haben, weil wir uns draußen verlaufen könnten. Vielleicht ist es Zeit, die Türen zu öffnen.

Wenn wir in eine neue Stadt ziehen, erkunden wir langsam die Umgebung. Wir lernen verschiedene Straßenzüge und Viertel voneinander zu unterscheiden. Manche gefallen uns, andere nicht, und wieder andere lernen wir erst mit den Jahren schätzen. Genauso können wir auch verschiedene Welten kennenlernen, ihre Gesetze, ihre Wirkung, ihre Wege und Umwege. Wir können lernen, unterschiedliche Arten von Realität nebeneinander wahrzunehmen, und sehen, wie sie ineinander greifen. Wir können auch Grade von Wirklichkeit unterscheiden: Nicht jede Romanfigur ist gleich wirksam, nicht jeder Traum ist gleich wirklich. Auch hier gilt es, ein klares Differenzierungsvermögen zu entwickeln. Zuallererst müssen wir jedoch den Bewertungsmechanismus unserer Gedankenformen ausschalten. Solange nur das zu uns durchdringt, was im materiellen Sinne messbar ist, werden die meisten Wahrnehmungen aussortiert, bevor sie in unser Bewusstsein kommen. Nur wenn wir für wirklich halten, was wirksam ist, können wir in tausend lebendigen Welten leben, anstatt in einem winzigen Zimmer.

8
Das Geheimnis der Ideen schätzen lernen

«Unzählige Keime des geistigen Lebens erfüllen den Weltraum, aber nur in einzelnen, seltenen Geistern finden sie den Boden zu ihrer Entwicklung; in ihnen wird die Idee, von der Niemand weiß, von wo sie stammt, in der schaffenden That lebendig.»

AUGUST KEKULÉ, CHEMIKER 1890

Alles hängt davon ab, ob wir gute Ideen haben. Doch wie sollen wir gute und vor allem neue Ideen haben, wenn wir all unsere Wahrnehmungen immer wieder in dieselben Gedankenformen gießen wie in alte Backformen? Die Antwort ist einfach. Wir müssen uns auf unbekanntes Terrain begeben, wir müssen einen Weg gehen, den wir nicht kennen, einen Weg im Land des Nicht-Verstehens. Und das ist leichter, als wir glauben. Wir sind diesen Weg alle schon einmal gegangen, wir sind alle schon einmal ans Ziel gekommen, und wir wurden für unsere Mühe jeweils reichlich belohnt. Das folgende Kapitel wird Ihnen helfen, sich daran zu erinnern, wie Sie das gemacht haben. Es soll Sie ermutigen, Ihre Wahrnehmungen auch dann ernst zu nehmen, wenn sie Ihrem bisherigen Weltbild nicht entsprechen.

Von glücklichen Einfällen

Joanne K. Rowling, die Autorin des Kinderbuchbestsellers «Harry Potter», hat in verschiedenen Interviews berichtet, dass dieser kleine Junge eines Tages während einer Bahnfahrt in ihren Kopf spazierte. Er sei ihr in voller Gestalt erschienen, mit seiner zerbrochenen Brille und den zerzausten Haaren. Das klingt so geheimnisvoll, dass es unbesehen unter «werbefördernde Maßnahmen» verbucht werden könnte. Doch wer viel mit Autoren zu tun hat, weiß, dass diese Erfahrung keine Ausnahmeerscheinung ist.

Nicht nur Romanfiguren, sondern auch Melodien oder gar wissenschaftliche Erkenntnisse erscheinen auf diese Weise: sie «fallen ein». Woher sie kommen? Wir wissen es nicht. Doch jeder, der diese Erfahrung gemacht hat, bestätigt, dass so ein «Einfall» etwas mit sich bringt, das man in diesem Augenblick nicht hätte erfinden können. Etwas, das einen dazu zwingt, einen unscheinbaren Einfall zu einem Werk werden zu lassen. Albert Einstein hat über den Anfangsgedanken zur allgemeinen Relativitätstheorie Ähnliches berichtet.

«Ich saß im Berner Patentamt in einem Sessel, als mir plötzlich der Gedanke kam:

Wenn sich ein Mensch im freien Fall befindet, wird er seine eigene Schwere nicht empfinden können. Mir ging ein Licht auf. Dieser einfache Gedanke beeindruckte mich nachhaltig. Die Begeisterung, die ich da empfand, trieb mich dann zur Gravitationstheorie.»[1]

Eines ist sicher: Aus der Erfahrung kam dieser Gedanke nicht. Natürlich hatte Albert Einstein über das Problem der Schwerkraft bereits nachgedacht. Und natürlich hat es noch viele

Jahre und mühevolle Stunden gedauert, bis er aus dem einfachen Gedanken eine stimmige physikalische Theorie entwickeln konnte. Doch dieser erste Gedanke kam so plötzlich und unerwartet, dass er ihm die Kraft gab, das alles hervorzubringen: Wenn sich ein Mensch im freien Fall befindet, wird er seine eigene Schwere nicht empfinden können.

Vielleicht können Sie jetzt noch spüren, dass dieser Gedanke besonders ist. Er ist nicht kompliziert, ein jeder hätte ihn haben können, doch er vermittelt schon etwas von dem Schwindelgefühl, das die Veränderung eines Weltbildes mit sich bringt. Als habe er sich unauffällig am Raster der kollektiven Gedankenformen vorbeigemogelt. Nicht jeder Gedanke hat diese Kraft. Bei Albert Einstein ist er auf fruchtbaren Boden gefallen. Er ahnte, dass es sich lohnen könnte, ihn zu verfolgen.

Auch Harry Potter ist in der Form eines Kinderbuchhelden an unseren kollektiven Gedankenmustern vorbeispaziert. In Kinderbüchern ist einiges erlaubt. Wer hätte ahnen können, dass er sich bald auch in die Welt der Erwachsenen einschleichen würde. Bis Harry Potter waren Fantasyromane jenseits von Kinderzimmern eine Randerscheinung. Doch dieser Junge hatte etwas, das viele andere Romanfiguren nicht haben: Er war echt. Und mit ihm schlich sich der Gedanke ein, dass alles eigentlich auch ganz anders sein könnte. Plötzlich gab es eine Tür zu einer anderen Welt. Als ich eines Tages auf dem Bahnsteig von Gleis 9/10 eines Bahnhofes stand, hatte ich für einen Augenblick den Eindruck, es gäbe da noch etwas dazwischen. Wer Harry Potter kennt, weiß, dass der Zug zur Zauberschule auf Gleis 9 3/4 hält. Selbstverständlich wusste ich, dass es dieses Gleis nicht geben konnte, doch das Gefühl, dass da noch etwas dazwischen war, blieb. Nicht nur auf dem Bahnhof. Ein kleines Fenster hatte sich geöffnet, das die stickig gewordene Wirklichkeit mit etwas Sauerstoff versorgte. Das hatte Harry Potter geschafft.

Viele erwachsene Leser sind sich vermutlich schon vor dem Zuklappen des Buchdeckels sicher, dass diese Welt mit all ihren Bewohnern nicht wirklich existiert. Und doch konnten auch sie es jeweils kaum erwarten, bis der nächste Band erschien. Vermutlich wäre ihr Leben reicher, vielfältiger und farbiger, wenn das kleine Fenster auch in der Zwischenzeit hätte offen bleiben dürfen.

Was sind Ideen?

Einfälle, glückliche Gedanken, Ideen. Ist das nicht alles dasselbe?

Für Platon waren Ideen weit mehr als nur Einfälle oder einzelne Gedanken. Sie waren lebendige geistige Wesen und existierten in einer eigenen Welt. Das klingt für heutige Ohren höchst sonderbar. Unter einem lebendigen Wesen stellen wir uns etwas Konkretes vor, doch Platons Ideen sind abstrakt. Sie sind immateriell, unsichtbar und unvergänglich. Genauso wie die Welt, aus der sie kommen. Die Welt der Ideen ist die Welt der geistigen Formen.

Was auch immer existiert, hat eine geistige Form. Bei Gebrauchsgegenständen ist diese Form oft mit der Funktion des Gegenstandes identisch. Ein Stuhl wird zum Stuhl, weil man darauf sitzen kann, das ist sein Wesen. Und eben dieses Wesen ist die Idee.

Wir können uns vorstellen, dass wir das Wesen einer Sache denkend erfassen können, aber eine Welt der Ideen? Wo sollte die sein? Diese Frage hat schon Aristoteles dazu bewogen, Platons Welt der Ideen nicht für wirklich zu halten. Für ihn war das Wesen einer Sache Teil dieser Sache selbst, es war ganz einfach das, was die Sache zu dem werden ließ, was sie war. Unabhängig von dieser Sache existierte es nicht. Nach dieser Auffassung wissen wir erst dann, was Gerechtigkeit bedeutet, wenn wir anhand verschiedener konkreter Situationen ein Gefühl dafür entwickelt haben. Unsere Idee von Gerechtigkeit ist lediglich eine Abstraktion unserer konkreten Erfahrung, eine Art Zusammenfassung des Erlebten. Das war das Verständnis des Aristoteles, und es kommt unserem eigenen Weltbild immer noch erstaunlich nahe.

Eine Idee ist demnach ein Begriff, mit dem wir die Grundstrukturen ähnlicher Erfahrungen erfassen. Wenn wir genügend Blumen gesehen haben, können wir ihre gemeinsamen Eigenschaften erkennen und ihre Grundstruktur herausarbeiten. Nach Aristoteles wäre die Idee einer Blume die Abstraktion ihrer Eigenschaften. Sie ist in jeder Blume gegenwärtig, doch außerhalb der Blume ist sie nichts.

Für Platon war das anders. Für ihn waren die Ideen der Gerechtigkeit oder auch der Schönheit geistige Wesen oder Strukturen, die auch unabhängig von einzelnen Erfahrungen lebendig waren. Wenn wir etwas als schön oder gerecht empfinden, dann deshalb, weil es teil hat an diesen unvergänglichen geistigen Strukturen.

Wir wissen, dass es in verschiedenen Kulturen unterschiedliche Ideale von Schönheit oder Gerechtigkeit gibt. Was schön oder gerecht ist, hängt ganz von den Vorstellungen verschiedener Völker und von individuellen Vorlieben ab. Wie sollte es da unveränderliche geistige Formen geben, die Schönheit oder Gerechtigkeit bestimmen?

Unsere Vorstellung von «unveränderlichen Formen» orientiert sich an den Formen der Materie. Doch geistige Formen sind anders. Sie repräsentieren Qualitäten, die sich auf materieller Ebene in unterschiedlichsten Ausprägungen widerspiegeln können. Die Qualität der Schönheit ist unveränderlich, nur die Erscheinungen können sich ändern. Was wir jeweils als schön empfinden, mag verschieden sein, nicht aber, wie wir Schönheit empfinden. Schönheit ist letztlich keine materielle, sondern eine geistige Form. Wir empfinden etwas als schön, wenn sich diese geistige Form in einer materiellen Form spiegelt. Auch die Situationen, in denen wir etwas als gerecht oder ungerecht empfinden, mögen sich im Laufe des Lebens ändern, die Qualität des Gerechtigkeitsempfindens bleibt dieselbe. Wenn wir unseren Fokus auf die Welt der Materie richten, bleibt Platons Ideenwelt unverständlich, wenn wir die Qualität der geistigen Erfahrungen im Blick behalten, wird sie zumindest bedenkenswert.

Solange wir Platons Philosophie mit den Gedankenformen des Materialismus betrachten, erscheint sie uns wie eine ausgedehnte Märchenstunde. Wir können uns nicht einmal annäherungsweise vorstellen, was er mit der Welt der Ideen gemeint haben könnte. Schon gar nicht, dass er diese Welt als Wirklichkeit erfahren hat, während die ganze Welt der Materie für ihn so irreal war wie für uns vielleicht die Welt der Träume oder die Welt der Fantasie.

Was wir als Wirklichkeit erfahren, war für Platon nichts als ein Schatten. Er lebte in einer völlig anderen Welt und er versuchte den Menschen das, was er sah, zu vermitteln. Real war die unvergängliche Welt des Geistes, real war das geistige Wesen der Menschen, der Dinge, der Werte, nicht aber ihre materielle Gestalt. Die war lediglich ein vergängliches Abbild der geistigen Form. Platons Fokus lag auf der Welt der lebendigen geistigen Formen, da diese Welt bestimmt, was letztlich materiell sichtbar werden kann.

Es war auch damals nicht selbstverständlich, die Wirklichkeit auf diese Weise zu erfahren. Die Welt der Ideen war auch damals nicht allen Menschen gleichermaßen zugänglich. In seinem berühmten Höhlengleichnis zeigt Platon deshalb, dass wir uns von unserer gewohnten eingeengten Blickrichtung befreien müssen, um die Welt der Ideen wahrnehmen zu können.

In diesem Gleichnis sitzen die Menschen von Kindheit an in einer Höhle. Sie sind an Hals und Schenkeln so gefesselt, dass sie nur in eine Richtung auf die ihnen gegenüberliegende Wand blicken können. Hinter ihrem Rücken brennt ein Feuer, das ihre Schatten an die Wand wirft. Zwischen dem Feuer und den gefesselten Menschen werden Gegenstände vorbeigetragen, die ebenfalls Schatten an die Höhlenwand werfen. Die Gefangenen können nur diese Schatten sehen. Sie halten diese Schatten für die Wirklichkeit. Sie sind so gewohnt, nur in eine Richtung zu blicken, dass sie noch nicht einmal wissen, dass sie gefesselt sind. Es ist ihr ganz normaler Zustand und ihre ganz normale Blickrichtung.

Platon fragt nun, was geschähe, wenn einem der Höhlenbewohner die Fesseln abgenommen würden. Gesetzt den Fall, er würde gezwungen sich umzudrehen, die Höhle zu verlassen und ins Sonnenlicht zu blicken. Er wäre verwirrt und geblendet. Noch immer würde er die Höhlenschatten für die Wirklichkeit halten und seine neue Lage für einen Zustand der Verwirrung. Er würde sie niemals so selbstverständlich hinnehmen wie das Leben in der Höhle. Wenn er eines Tages in die Höhle zurückkehren und von seinen Erfahrungen berichten würde, wäre er für die Menschen dort lediglich ein Verrückter. Sie würden ihm nicht glauben, da sie sich noch nicht einmal vorstellen könnten, was es bedeutet, sich umzudrehen. Falls es den Begriff «sich umdrehen» in der Höhle überhaupt gäbe, hätte er eine völlig andere Bedeutung. Denn unsere sprachliche Wirklichkeit ist eng mit unserer Erfahrungswirklichkeit verknüpft. Wir führen jede sprachliche Äußerung auf das zurück, was wir schon kennen. Wenn wir uns noch nie in unserem Leben umgedreht haben, ist dieser Begriff für uns völlig inhaltsleer. Oder aber wir füllen ihn mit einer Bedeutung, die unserer Erfahrungswirklichkeit entspricht.

Wenn also der Mensch, der die Höhle verlassen hat, einem Höhlenbewohner berichtet, wie es sich anfühlt, sich umzudrehen, wird der Höhlenbewohner nicht verstehen können, wovon der andere redet. Und natürlich wird er davon ausgehen, der andere habe nicht mehr alle Tassen im Schrank.

Genauso kann es uns gehen, wenn wir uns mit dem Denken Platons befassen. Wenn Platon von der Welt der Ideen spricht, stellen wir uns eine Welt vor, die unserer materiellen Welt entspricht. Wir tauschen einfach gedanklich Tische, Stühle, Pflanzen, Tiere und das ganze restliche Inventar unserer materiellen Welt gegen Ideen aus und wundern uns, warum wir dieser Welt noch nie begegnet sind.

Wir kennen nur einzelne Ideen, die sich dann und wann in unserer persönlichen Gedankenwelt einfinden, eine unpersönliche Welt der Ideen ist uns fremd. Wir sind zu sehr auf die Welt der Materie und auf unsere persönlichen Gedanken fixiert. Wenn es uns also nicht sofort gelingt, die Welt mit Platons Augen zu sehen, ist das verständlich.

Platon wusste, wie schwer es ist, Gewohnheiten zu durchbrechen und den menschlichen Verstand für eine andere Form von Wirklichkeit zu öffnen. Doch was wir heute als Wirklichkeit erfahren, war für Platon nur ein schattenhafter Umriss dessen, was wir erkennen können.

Platon war zweifellos einer der einflussreichsten Philosophen der westlichen Welt. Der amerikanische Philosoph Alfred North Whitehead hielt gar die ganze europäische Philosophiegeschichte für eine Reihe von Fußnoten zu Platon. Ob wir Platons Ansichten nun teilen können oder nicht, das Mindeste, was sie uns zeigen, ist, dass unsere Vorstellung von Wirklichkeit nur eine Möglichkeit von vielen ist.

Vielleicht ist es hilfreich, an dieser Stelle noch einmal darauf hinzuweisen, dass es nicht in erster Linie darauf ankommt herauszufinden, wer recht hat. Es kommt darauf an zu sehen, welche Folgen unsere Denkstrukturen für unseren Alltag haben und wie andere Denkstrukturen unseren Alltag verändern könnten. Erst wenn wir uns in verschiedene Formen des Denkens einüben, können wir entscheiden, was wir in einer bestimmten Situation für angemessen halten. Solange wir uns mit einer einzigen Erfahrung von Wirklichkeit zufrieden geben, blenden wir Informationen aus, die uns vielleicht weiterhelfen könnten. Auch Platons Ideenwelt könnte uns auf eine Fähigkeit hinweisen, die wir im Augenblick brachliegen lassen, die Fähigkeit, immaterielle Formen von Wirklichkeit wahrnehmen zu können.

Der Welt der Ideen begegnen

Erinnern Sie sich an das Gefühl, plötzlich etwas verstanden zu haben? Sie haben lange über irgendetwas nachgedacht, warum Ihr Computer nicht funktioniert, wie sie Ihre 18 Großtanten an Ihrem Wohnzimmertisch unterbringen können oder warum Ihre Arbeitskollegen sich ständig streiten. Und plötzlich verstehen Sie das System. Sie müssen nicht mehr Einzelteile zusammensetzen und Möglichkeiten gegeneinander abwägen, sondern sehen, was wirklich dahintersteckt. Sie wissen, was Sie ändern müssen, um das Chaos zu beseitigen.

Erinnern Sie sich an das Gefühl? Herzklopfen, Aufregung, kleine Glücksexplosionen im Brustraum und eine große Erleichterung. Das ist die Welt der Ideen. Eine Mischung aus Licht, Intensität, Weite und dem Prickeln von Champagner. So fühlt es sich an, wenn sie unerwartet mit unserem physischen Körper zusammentrifft. Für einen unerwarteten Augenblick kann diese unpersönliche Welt unsere persönlichen Gedankenformen beiseite schieben. So lange, bis wir den neuen Gedanken eingefangen und in unser altes System integriert haben. So lange, bis wir die Tür zur Welt der Ideen wieder fest verschlossen haben und wieder ganz in unserer persönlichen Welt angekommen sind. Die meisten Menschen kennen diese Erfahrung, aber sie wissen nicht, was sie bedeutet. Sie werden einfach hin und wieder mal von ihr überrascht, um sie dann schnell wieder zu vergessen. Sie erinnern sich vielleicht noch an den Inhalt der Erkenntnis, nicht aber an die ursprüngliche Beschaffenheit der Idee.

Nicht jede Idee hat denselben Charakter, doch es braucht viel Erfahrung und Aufmerksamkeit, um die verschiedenen

Qualitäten der Ideen unterscheiden zu können. Am Anfang ist das wie in einem fremden Land, in dem sich alle Menschen ähnlich sehen. Trifft eine Idee unmittelbar und unerwartet auf unseren physischen und emotionalen Körper, erfahren wir sie meistens auf ähnliche Weise. Das ist die Droge der Erkenntnis.

Viele Wissenschaftler sind geradezu süchtig nach dieser Erfahrung. Wenn sie ihr nahe kommen, vergessen sie alles, was in ihrem Alltagsleben sonst von Bedeutung ist: essen, trinken, schlafen oder auch Verabredungen einhalten. Zu welchem Zeitpunkt sich die Tür öffnen wird, können aber auch sie nicht bestimmen. Denn diese Tür entsteht erst beim Denken.

Das Denken ist das Wahrnehmungsorgan, mit dem wir zwischen der Welt der Materie und der Welt der Ideen eine Verbindung schaffen können. Um diese Verbindung zu schaffen, brauchen wir eine geteilte Aufmerksamkeit. Ein Teil unserer Aufmerksamkeit bleibt auf die Inhalte ausgerichtet, über die wir nachdenken. Er beschreibt, ordnet, kombiniert, wägt ab oder vergleicht. Ein anderer Teil unserer Aufmerksamkeit richtet sich auf etwas, das noch keine konkrete Form hat. Menschen, die mit Ideen arbeiten, sind es gewohnt, das zu tun. Ob Künstler, Wissenschaftler oder Philosophen: Sie beschäftigen sich nur zu etwa zwanzig Prozent ihrer Aufmerksamkeit mit einem konkreten Problem und konzentrieren sich zu achtzig Prozent auf etwas, wovon sie nicht genau wissen, was es ist. Sie konzentrieren sich ins Offene, in die Weite. Sie sind in der Lage, Einzelheiten differenziert im Blick zu behalten, ohne zu sehr daran festzuhalten. Sie behalten ihr Projekt nicht nur dann im Blick, wenn sie explizit daran arbeiten, sondern auch dann, wenn sie beispielsweise essen oder Sport treiben.

Die Konzentration in die Weite ist eine Form von entspannter Wachheit, eine Öffnung des Denkens in jede mögliche Richtung. Wenn ein kleiner Teil des Denkens auf die Inhalte eines Projektes konzentriert bleibt und sich der größere Teil des Denkens in jede mögliche Richtung entspannt, entsteht eine Brücke zwischen der konkreten Welt der Materie und der abstrakten Welt der Ideen.

Für die meisten Menschen ist das ein intuitiver Prozess, sie tun es, ohne zu wissen, was sie tun. Sie haben in der Schule gelernt, dass sie nur dann denken, wenn sie sich mit Inhalten beschäftigen, d. h. wenn sie über etwas nachdenken. Doch ist Denken weit mehr als das intellektuelle Verarbeiten von Informationen. Neue Erkenntnisse entstehen oft gerade dann, wenn wir dem, worüber wir nachdenken, Raum geben. Das ist ein aktiver Prozess. Ein Teil unseres Verstandes ist genau dafür zuständig. Dieser Teil ist in der Lage, Bewegungen ohne Inhalte weiterzuleiten. Er ist ein wacher, leerer, heller und sensibler Organismus.

Die Welt der Ideen ist weit dynamischer als die Welt unserer persönlichen Erfahrungen und unserer individuell erfassbaren Inhalte. Sie verändert sich ständig und ist unablässig in Bewegung. Wenn wir uns mit ihr verbinden wollen, dürfen wir keine festen Vorstellungen haben. Wir können sie nicht erfassen, sondern müssen uns in sie hinein entspannen und auf ihre Bewegungen reagieren. Durch diese Bewegungen werden die Inhalte, die wir uns erarbeitet haben, neu geordnet und bewertet.

Was wir letztlich als Erkenntnis erfassen, ist immer eine

Verbindung der abstrakt dynamischen Ideenwelt mit konkreten Inhalten. Die Inhalte geben den Frequenzen der Ideen einen Körper. Die Verbindung geschieht durch unser Denken. Wenn wir von Ideen sprechen, meinen wir meistens eine solche Verbindung.

Im physischen Bereich scheint uns die Verbindung von konkreten Inhalten und intelligenter Dynamik selbstverständlich. Jeder Sportler trainiert einerseits Technik und Bewegungsabläufe und verlässt sich andererseits auf den Instinkt seines Körpers. Es ist dieser Instinkt, der es ihm ermöglicht, sich in neuen Situationen zurechtzufinden. Er ist eine Form von Wachheit, die sich während des Trainings entwickelt, eine dynamische Wachheit des Körpers, eine Art aktive Offenheit für jede mögliche Entwicklung.

Auch wenn wir denken lernen, kann sich ein solcher Instinkt entwickeln. Es ist der Teil unseres Verstandes, der an den meisten Schulen und Universitäten völlig vernachlässigt wird. Der Instinkt des Denkens hat weder mit Lernmethoden noch mit der Ansammlung von Wissen zu tun. Er ist eine Form von Wachheit für immaterielle Bewegungen, für Atmosphären und Richtungen. Er hilft uns, uns in einer Welt zurechtzufinden, in der es keine festen Bezugspunkte gibt.

Solange wir glauben, unser Denken habe allein mit Methoden und Inhalten zu tun, sind wir nicht in der Lage, den Instinkt des Denkens auszubilden und ihm zu vertrauen. Und da wir uns nicht darum kümmern, ihn auszubilden, haben wir noch nicht einmal Begriffe für das, was er leisten kann. Doch wenn wir in der Lage sind, diese Wachheit im Denken zu entwickeln, können wir einer Welt der Veränderungen auf angemessenere Weise begegnen.

9
Beweglicher denken

«Was wirklich zählt, ist Intuition.»
ALBERT EINSTEIN

Wir sind gewohnt, den gesamten Organismus des Denkens auf eine winzige Fähigkeit zu reduzieren: die intellektuelle Fähigkeit, Informationen zu verarbeiten. Doch dieser Denk-Organismus hat viele Funktionen. Er koordiniert alle Fähigkeiten der Wahrnehmung, seien sie nun sinnlicher, emotionaler oder intellektueller Natur, und er ermöglicht uns die verschiedensten Formen des Bewusstseins und des wachen Gegenwärtigseins. Er hat eine instinktive und eine intellektuelle Seite. Das folgende Kapitel wird Ihnen helfen, das Organ des Denkens umfassender und beweglicher nutzen zu können.

Den Instinkt des Denkens entdecken

Die Begriffe, die dem Instinkt des Denkens am nächsten kommen, sind Ahnung und Intuition. Eine Ahnung gibt uns ein Gefühl für die Richtung, in die wir weiterdenken können, und der Begriff der Intuition hat viele Bedeutungen. Wir verstehen darunter meistens eine unmittelbare Einsicht, die wir nicht durch rationales Denken gewonnen haben. Als Intuition wird auch die Fähigkeit bezeichnet, zu solchen Einsichten zu gelangen.

Intuitionen sind so etwas wie der Jackpot des Denkens, Fühlens und Handelns. Wir wissen, dass es ihn gibt, aber wir wissen nicht genau, wie wir ihn knacken können. Es scheint eines der wesentlichen Merkmale der Intuition zu sein, dass wir sie nicht kontrollieren können.

In den vergangenen Jahren haben sich auch einige wissenschaftliche Untersuchungen mit dem Begriff der Intuition auseinandergesetzt. Psychologen der Universität Amsterdam untersuchten beispielsweise, wie wir komplexe Daten am besten verarbeiten können.[1] Sie haben deshalb Versuchspersonen Informationen über verschiedene Autos vorgelegt. Die Probanden sollten die negativen und positiven Merkmale der Fahrzeuge gegeneinander abwägen und die verschiedenen Modelle miteinander vergleichen. Nach einer kurzen Bedenkzeit sollten sie das beste Auto auswählen. Enthielten die Beschreibungen nur vier Merkmale, war das gut möglich, bei zwölf Merkmalen waren die meisten Versuchspersonen überfordert. Nur noch 25 Prozent waren in der Lage, das beste Auto herauszufiltern.

Eine zweite Versuchsgruppe wurde nach dem Lesen der Autobeschreibungen abgelenkt und sollte dann einige Zeit später aus dem Bauch heraus eine Entscheidung treffen. Bei dieser Versuchsgruppe wählten über 60 Prozent der Probanden das richtige Auto.

Für die niederländischen Forscher folgt daraus, dass es sich bei komplexen Entscheidungen lohnt, viele Informationen einzuholen, die endgültige Entscheidung dann aber dem «unbewussten» Teil des Denkens zu überlassen. Sie gehen davon aus, dass wir ein Organ besitzen, das wesentlich mehr Informationen gleichzeitig verarbeiten und richtig gewichten kann als der rationale Verstand. Sie nennen dieses Organ das «unbewusste Denken».

Was aber ist das unbewusste Denken? Ein Großteil der intellektuellen Verarbeitung von Sinnesdaten findet grundsätzlich unbewusst statt. Er wird uns von individuellen und kollektiven Gedankenformen abgenommen. Gedankenformen sind so etwas wie die Software unseres Gehirns. Sie ordnen eigenständig Sinnesdaten und strukturieren Wahrnehmungen. Wenn wir die gesamten Sinneseindrücke in einer Großstadt ständig bewusst zu einem sinnvollen Gesamtbild zusammensetzen müssten, wären wir völlig überfordert. Ohne die Hilfe unserer Gedankenformen, die als eigenständige Organismen zusammenarbeiten, könnten wir uns in der Welt nicht zurechtfinden.

Den individuellen Teil unserer Gedankenformen bilden wir im Laufe unseres Lebens aus: Je differenzierter unsere Ausbildung, desto komplexer unsere Gedankenformen. Wenn wir beispielsweise mit dem Schachspielen beginnen, müssen wir jeden einzelnen Zug mit seinen möglichen Folgen abwägen. Ein Großmeister erfasst die Schachstellungen unmittelbar als komplexes Schema, er muss die verschiedenen Möglichkeiten nicht mehr bewusst gegeneinander abwägen, um die richtige Entscheidung zu treffen. Er hat Gedankenstrukturen geschaffen, die ihm blitzschnelle Entscheidungen ermöglichen. Wer sich noch nie mit dem Schachspiel auseinandergesetzt hat, kann auch nicht darauf vertrauen, dass er unbewusst die richtigen Entscheidungen trifft.

Gedankenformen sind demnach hilfreich und notwendig,

aber sie können uns auch in die Irre führen. So diagnostizieren beispielsweise Ärzte, die sehr oft mit einer bestimmten Krankheit konfrontiert werden, sehr viel schneller dieselbe Krankheit auch bei anderen Patienten. Sie sind es gewohnt, bestimmte Symptome auf eine bestimmte Weise zu interpretieren, und treffen dabei nicht immer die richtigen Entscheidungen.

Wenn wir sehr schnell komplexe Entscheidungen treffen müssen, haben wir oft gar keine andere Wahl, als auf die Hilfe unserer Gedankenformen zurückzugreifen. Da sie alle unsere intellektuellen, sensorischen und emotionalen Erfahrungen beinhalten, arbeiten sie umfassender und oft auch präziser als unser rationales Denken. Das Experiment «Autokauf» hat gezeigt, dass die Trefferquote mehr als doppelt so hoch lag, wenn die Kaufentscheidung aus dem Bauch heraus getroffen wurde, d. h. unbewusst intuitiv.

Wenn es jedoch darum geht, zu wirklich neuen Erkenntnissen zu gelangen, ist es oft hilfreich, neben dem rationalen Denken und den unbewussten Gedankenformen eine weitere Fähigkeit des Denkens zu aktivieren. Das zeigt das berühmte Beispiel des Chemikers August Kekulé. August Kekulé berichtet, er sei eines Abends bei der Suche nach der chemischen Struktur des Benzols in seinem Arbeitszimmer eingedöst.

«Da saß ich und schrieb an meinem Lehrbuch; aber es ging nicht recht; mein Geist war bei anderen Dingen. Ich drehte den Stuhl nach dem Kamin und versank in Halbschlaf. Wieder gaukelten die Atome vor meinen Augen. Kleinere Gruppen hielten sich diesmal bescheiden im Hintergrund. Mein geistiges Auge, durch wiederholte Gesichte ähnlicher Art geschärft, unterschied jetzt größere Gebilde von mannigfacher Gestaltung.

Lange Reihen, vielfach dichter zusammengefügt; alles in Bewegung, schlangenartig sich windend und drehend. Und siehe, was war das? Eine der Schlangen erfasste den eigenen Schwanz, und höhnisch wirbelte das Gebilde vor meinen Augen. Wie durch einen Blitzstrahl erwachte ich; auch diesmal verbrachte ich den Rest der Nacht, um die Consequenzen der Hypothese auszuarbeiten.»[2]

August Kekulé hat die Struktur des Benzols im Halbschlaf entdeckt: Sie hat die Form eines Rings. Die Schlange, die sich in den Schwanz beißt, hat ihn darauf gebracht. Dieser Entdeckung im Halbschlaf sind unzählige Stunden der Forschung im Labor und am Schreibtisch vorausgegangen. Doch letztlich mussten seine Erfahrungen als Chemiker und sein naturwissenschaftlich geschulter Verstand von einer weiteren Fähigkeit des Denkens vervollständigt werden: der Fähigkeit, bei der Neuordnung der gesammelten Daten zuzusehen, ohne einzugreifen.

August Kekulé hatte im Halbschlaf kein rationales Bewusstsein, aber er war trotzdem nicht unbewusst. Er beobachtete, wie sich die Atome vor seinem geistigen Auge selbständig ordneten. Sie ordneten sich auf eine Weise, die weder seinem Verstand, noch seinen unbewussten Gedankenformen vertraut war und öffneten ihm den Zugang zu einer Idee, mit der er im Wachzustand weiterarbeiten konnte.

Neben dem bewussten rationalen Verstand und der unbewussten Arbeit der Gedankenformen gibt es demnach noch eine weitere Fähigkeit des bewussten Denkens. Eine intellektuelle Wachheit, die nicht bewertet, kombiniert und abwägt, sondern lediglich Bewegungen zulässt, aufnimmt und beobachtet. Eine rezeptive Fähigkeit des Denkens. Die neue Ordnung entsteht gerade dadurch, dass Sinnesdaten durcheinandergewirbelt werden und gewohnte Gedankenformen nicht sofort ordnend eingreifen.

Wenn wir rational denken, können wir nur eine kleine Menge an Sinnesdaten verarbeiten. Die Intuition ist wie ein riesiges lebendiges Gefäß, das unsere bewussten und unbewussten Erfahrungen und Sinneswahrnehmungen beherbergt und sie der Welt der Ideen als Ausdrucksformen zur Verfügung stellt.

August Kekulé konnte während des Halbschlafs auf eine Art und Weise wach sein, die ihm im Wachzustand verschlossen war. Der Dämmerzustand half ihm, die einschränkenden bewussten und unbewussten Denkprozesse zu verlangsamen. Dieser Vorgang schien ihm ebenso sinnvoll wie vertraut zu sein, und so konnte er seinen Kollegen bei einer Rede vor der Deutschen Chemischen Gesellschaft zurufen:

«Lernen wir träumen, meine Herren, dann finden wir vielleicht die Wahrheit: aber hüten wir uns, unsere Träume zu veröffentlichen, ehe sie durch den wachenden Verstand geprüft worden sind.»[3]

Die verschiedenen Formen des Denkens greifen ineinander und führen gemeinsam zu dem erhofften Ergebnis. Der rationale Verstand arbeitet mit einer unbewussten und einer bewussten Form der denkerischen Intuition zusammen. Der Begriff der bewussten Intuition mag seltsam erscheinen, da wir unter Intuition eine unkontrollierbare und nicht nachvollziehbare Form der Einsicht verstehen. Doch auch die bewusste Intuition erfüllt diese Kriterien. Sie entzieht sich unserer Kontrolle und wir können sie nicht herbeiführen. Wir können aber die notwendigen Rahmenbedingungen schaffen. Zuallererst heißt das anzuerkennen, dass diese Form der Intuition Teil unseres Denkens ist. Mit diesem Aspekt des Denkens erfassen wir eine Situation als Ganzes.

Bewusste und unbewusste Intuition entwickeln

In den vergangenen Jahren wurden vor allem für Manager zahlreiche Trainingsprogramme entwickelt, die helfen sollen, bei komplexen Entscheidungsprozessen auf die Hilfe der unbewussten Intuition zurückzugreifen. Die Intuition ist, wie wir gesehen haben, der Teil des Denkens, mit dem wir Situationen als Ganzes erfassen, ohne über Einzelheiten nachzudenken. Die Trainingsprogramme schulen das Wahrnehmungsvermögen und die Fähigkeit, auf die Funktion der unbewussten Intuition zu vertrauen. Sie gehen davon aus, dass uns der Körper in Entscheidungssituationen Signale sendet. Sie helfen, diese körperlichen Signale zu erfassen und richtig zu deuten.

Da viele Menschen diese Fähigkeit ausgeblendet haben, kann das sehr hilfreich sein. Sie lernen, eine weitere Funktion im Organismus des Denkens zu nutzen. Da unsere Gedankenformen eigenständig und effektiv Informationen verarbeiten, die wir gar nicht bewusst wahrgenommen haben, ist es sehr leicht, auf diese Funktion des Denkens zurückzugreifen.

Wenn es jedoch darum geht, überkommene Gedankenformen mithilfe von neuen Ideen zu verändern, ist die unbewusste Form der Intuition nicht ausreichend. Um unbewusste Gedankenformen mithilfe von Ideen zu verändern, müssen wir in der Lage sein, uns denkend selbst infrage zu stellen: unser Weltbild, unsere Glaubenssätze, unser Fundament. Bewusste Intuition fordert Selbsterkenntnis. Um die bewusste Intuition zu nutzen, müssen wir unsere eigenen Gedankenformen gut kennen. Das lohnt sich nicht nur dann, wenn wir wissenschaftlich forschen wollen, sondern auch dann, wenn wir Alltagsprobleme bewältigen müssen; ganz gleich ob wir nach einer Lösung suchen, in einer komplizierten Ecke eine Vorhangstange zu befestigen, oder ob wir einen Weg finden wollen, Familienstreitigkeiten beizulegen. Nur wenn wir wissen, wie wir denken, können wir alte Muster von neuen Ideen unterscheiden.

Für eine wissenschaftliche Untersuchung der Universität Zürich sollten zwei Versuchsgruppen einen fiktiven Inselstaat mit komplexen wirtschaftlichen und sozialen Strukturen durch 18 Regierungsperioden optimal führen. Die eine Gruppe sollte ihre Regierungsentscheidungen mithilfe ihres gesunden Menschenverstandes und ihrer Intuition treffen, die andere Gruppe sollte sich ausschließlich auf ihre analytischen Fähigkeiten verlassen.

Auch hier wurden mithilfe der Intuition die besten Ergebnisse erzielt. Allerdings nur von den Versuchspersonen, die in der Lage waren, die Gegebenheiten des Inselstaates von ihren persönlichen Vorstellungen zu trennen. Wer beispielsweise von vornherein eine bestimmte Vorliebe für ein bestimmtes Wirtschaftssystem hatte, war nicht mehr in der Lage, die ganz spezielle Situation des Inselstaates intuitiv zu erfassen. Im Glauben, intuitiv zu handeln, verließen sich diese Personen auf vorgefasste Meinungen.[4]

Um die bewusste Intuition nutzen zu können, brauchen wir ein klares gedankliches Differenzierungsvermögen. Je besser wir uns selbst kennen, desto leichter können wir auch unsere emotionalen Gedankenformen von Stimmungen und Atmosphären im Raum unterscheiden, von den Gegebenheiten und Erfordernissen der augenblicklichen Situation. Wo entwickeln wir beispielsweise Ängste, weil unsere unbewussten Gedankenformen gegen neue Ideen arbeiten? Welche Sprache benutzen wir, wenn wir uns selbst und die Welt beschreiben? Leuchten uns technische Modelle mehr ein als organische? Wo haben wir die größten Widerstände? Es lohnt sich, die eigenen Gedankenformen kennenzulernen. Nur dann können wir einer spezifischen Situation in einem ganz spezifischen Augenblick wirklich gerecht werden.

Psychologie und Philosophie bieten wertvolle Methoden, um das zu erlernen. Diese denkerische und psychologische Wahrnehmungs- und Differenzierungsfähigkeit zu entwickeln, braucht allerdings ebenso viel Zeit wie die Entwicklung des rationalen Denkens. Oft ist es hilfreich, sich dafür Gesprächspartner zu suchen, die ihr Denken und ihre Aufmerksamkeit bereits geschult haben.

Sich auf ein «Bauchgefühl» zu verlassen, ist nicht genug. Wir müssen beispielsweise lernen, unser Denken nicht nur auf Inhalte, sondern auch auf Stimmungen und Atmosphären auszurichten. Schon bevor sich etwas als konkreter Gedanke niederschlägt, verändert sich die Atmosphäre. Wenn wir das wahrnehmen können, wissen wir, dass es sich lohnt, aufmerksam zu sein. Auch wenn sich im Gespräch mit anderen Menschen Atmosphären oder Stimmungen ändern, gibt es meist Wertvolles zu entdecken. In diesen Situationen müssen wir lernen still zu werden, zu beobachten und dem gerade Wahrgenommenen Raum zu geben.

Pausen im Denkbetrieb

Während unsere Gedankenformen eigenständig und unbewusst arbeiten, fordert die bewusste Intuition Konzentration und Aufmerksamkeit. Sie fordert Pausen in der Betriebsamkeit des rationalen Denkens. Wir müssen dafür nicht notwendigerweise in einen Halbschlaf versinken, aber wir müssen Möglichkeiten finden, die Aktivität unseres rationalen Verstandes und unserer unbewussten Gedankenformen zu verlangsamen.

Wenn wir merken, dass wir mit unseren rationalen Fähigkeiten an unsere Grenzen stoßen, können wir uns aktiv in diese beobachtende Wachheit hinein entspannen. Was wir dafür brauchen, ist Geduld, Offenheit und die Fähigkeit, mit offenen Fragen zu leben. Wir liefern uns dem Nicht-Wissen oder Nicht-Verstehen aus. Wir versuchen, eine Frage in unserem Bewusstsein zu halten, ohne aktiv nach Antworten zu suchen.

Jede Frage hat eine besondere Qualität. Sie ist wie ein Schlüssel, der viele Türen öffnen kann. Auch solche, von denen wir gar nicht wissen, dass es sie gibt. Das rationale Denken prüft alle Türen, die ihm bekannt sind. Wenn sich hinter keiner dieser Türen eine Antwort zeigt, ist es ratlos. Für das rationale Denken sind Fragen lediglich Vorstufen zu Antworten. Je schneller sie aus der Welt geschafft werden, desto besser. Bei Fragen, auf die es keine gültige Antwort geben kann, genügt es, dies festzustellen. Das rationale Denken ist ein sinnvolles und wertvolles Werkzeug. Es schöpft jedoch die Möglichkeiten des Denkens nicht vollständig aus.

Wenn wir also eine Frage haben, suchen wir aktiv nach

Antworten. Wir tragen Fakten zusammen, vergleichen Möglichkeiten, differenzieren, schaffen Klarheit, so lange, bis wir an unsere Grenzen stoßen. Wir stoßen an unsere Grenzen, wenn wir das, was wir wahrnehmen, nicht mehr zu einem sinnvollen Ganzen verknüpfen können. Je nach Tagesform oder Veranlagung werden wir dann ungeduldig, unsicher, wütend oder einfach nur müde. An dieser Stelle ist es Zeit, die Frage einer anderen Funktion unseres Denkens zu übergeben.

Wichtig ist dabei nur, dass wir lernen, unsere persönlichen Meinungen und Vorstellungen, Ängste, Wünsche und Bedürfnisse für einen Augenblick zurückzustellen. Was auch immer uns dabei hilft, ist wertvoll. Für manche Menschen sind das einsame Spaziergänge in der Natur, für andere ist es Ausdauersport, für wieder andere ist es hilfreich, sich still hinzusetzen, zu singen, zu kochen oder im Garten zu arbeiten. Die Möglichkeiten sind so vielfältig, wie es Menschen gibt. Sie sollten lediglich darauf achten, dass die Tätigkeit Ihnen dabei hilft, Ihre alltäglichen Gedanken zu verlangsamen und dass sie nur einen Teil Ihrer Aufmerksamkeit in Anspruch nimmt.

Mit dem Rest Ihres Bewusstseins entspannen Sie sich in den Raum des Nicht-Wissens. Es geht dabei nicht darum, ganz nebenbei ein Problem zu lösen, sondern darum, anzuerkennen, dass wir es mit unseren gewohnten Werkzeugen nicht lösen können, und sich mit dieser Situation anzufreunden.

Die bewusste Intuition ist der Teil unseres Denkens, der gar nicht primär an Antworten interessiert ist. Sie hat sozusagen ein freundschaftliches Verhältnis zu Fragen. Sie beobachtet Bewegungen und gibt diese Bewegungen als Impulse weiter. Das klingt zunächst einmal reichlich abstrakt. Das hängt vor allem damit zusammen, dass Impulse und Bewegungen keinen Inhalt haben, sie geben uns lediglich eine Richtung. Wir haben gelernt, mit unserem Verstand Informationen zu verarbeiten, nicht aber Impulse und Bewegungen aufzunehmen. Um mit dem Verstand Impulse und Bewegungen aufnehmen zu können, muss der Teil unseres Verstandes, der normalerweise Informationen verarbeitet, zur Ruhe kommen.

Wir nennen diesen Vorgang auch Kontemplation. Viele Menschen sind darin nicht geübt. Sie erfassen diese Impulse deshalb auch nicht mit dem Verstand. Einige nehmen aber körperlich oder emotional wahr, ob sich ein Denk- oder Entscheidungsprozess in die richtige Richtung entwickelt: als Beklemmung im Brustraum, als typisches «Bauchgefühl» oder auch als prickelndes «Champagnergefühl» in der Atmosphäre. Jedes Signal ist hilfreich, ganz gleich mit welchem Wahrnehmungsorgan wir es erfassen: Kopf, Herz oder Bauch. Diese Signale wahrzunehmen, ist ein erster Schritt auf dem Weg zur bewussten Intuition.

Als Max Planck im Jahre 1900 auf die Lichtquanten stieß, ahnte er beispielsweise, dass dies der Beginn eines neuen physikalischen Zeitalters war. Auf einem Spaziergang durch den Berliner Grunewald soll er seinem damals erst 7 Jahre alten Sohn anvertraut haben, er habe etwas entdeckt, das ebenso bedeutsam sei wie die Erkenntnisse des Kopernikus oder Newtons. Max Planck wird als vorsichtiger, bescheidener Mann beschrieben. Wenn er es wagte, seine Entdeckung mit den Erkenntnissen des Kopernikus oder Newtons zu vergleichen, bevor sie in großem Stil experimentell überprüft werden konnten, war das mehr als ungewöhnlich. Es dauerte immerhin 18 Jahre, bis er dafür den Nobelpreis erhielt. Es ist also schwer nachzuvollziehen, was ihm diese Gewissheit gab, vor allem deshalb, weil er zu Beginn selbst nicht daran glaubte, dass das Licht aus Teilchen bestand. Er hielt seine Theorie für einen mathematischen Taschenspielertrick, mit dem man richtige Ergebnisse errechnen konnte, ohne die Realität wirklich durchschaut zu haben.

Seine Erkenntnisse wurden also von einer Gewissheit begleitet, die weder mathematischer noch physikalischer Natur war. Es war die Gewissheit, einem außergewöhnlichen Ereignis beizuwohnen. Er wusste, dass er sich in die richtige Richtung bewegte.

Zunächst einmal scheint es so, als sei diese Form der Intuition etwas ganz anderes als August Kekulés Wachtraum von der Schlange und der Struktur des Benzols. In Kekulés Traum war die beobachtete Gedankenbewegung mit einem Bild verknüpft, während Max Plancks Entdeckung lediglich von einem richtungsweisenden Gefühl begleitet wurde. Die Entdeckung selbst wurde durch rationales Denken hervorgebracht.

Wie sich am Beispiel der Quantenphysik gezeigt hat, ist die rationale Auseinandersetzung mit Inhalten jedoch immer auch mit der unbewussten Arbeit der Gedankenformen verknüpft. Unser Weltbild entscheidet, wie wir Sinneswahrnehmungen miteinander verknüpfen, sodass sie zu Wahrnehmungsinhalten werden. Dieselben Daten führen zu völlig verschiedenen Interpretationen; mit denselben naturwissenschaftlichen Methoden können wir zu völlig verschiedenen Ergebnissen kommen. Ob unsere Welt aus materiellen Partikeln oder aus Wahrscheinlichkeitswellen besteht, hängt von unseren Gedankenformen ab.

Was wir rationales Denken nennen, ist immer eine Beziehung zwischen bewussten und unbewussten Denkprozessen.

Wenn wir Phänomene ernst nehmen, die unserem gewohnten Weltbild widersprechen, funktioniert diese Beziehung nicht mehr reibungslos. Wir haben einen Weg gefunden, die Macht der Gedankenformen einzuschränken. Max Planck hat sein rationales Denken mit einem Trick von seinen unbewussten Gedankenformen gelöst, er hat sich eine Zeit lang in eine schizophrene Situation begeben. Während er seine Ideen mit einem Teil seines Denkens als Taschenspielertrick deklarierte, konnte er sich in Ruhe weiter damit auseinandersetzen. Er war in der Lage, die Qualität der neuen Ideen wahrzunehmen, ohne wirklich daran zu glauben.

Viele Physiker arbeiten noch heute mit diesem Trick: Sie spalten ihr Denken. Mit einem Teil halten sie ihr gewohntes Weltbild aufrecht, mit einem anderen Teil erforschen und beschreiben sie die Materie auf eine Art und Weise, die mit ihrem Weltbild nicht mehr vereinbar ist. Und was das Erstaunlichste ist: Sie bemühen sich noch nicht einmal darum, die beiden Welten zu vereinen! Wissenschaftlich halten sie die Materie für eine Ansammlung von Atomen, die ihrerseits aus einer Ansammlung von Vakuumfluktuationen bestehen, d. h. einer Ansammlung von Bewegungen im leeren Raum. Was sich im leeren Raum der Atome bewegt, sind wenige instabile Atombausteine, die ständig die Grenze zwischen Existenz und Nichtexistenz überschreiten. Wissenschaftlich betrachtet ist die Materie also eine Art lebendiges Kommunikationsfeld von verschiedenen Kräften. Im Alltagsbewusstsein ist die Materie auch für die meisten Physiker das, was sie für uns alle ist: die stabile Grundlage unserer Realität.

Anfang des 20. Jahrhunderts war diese Aufspaltung in Wissenschaftsrealität und Alltagsrealität ein hilfreicher Trick, um die unbewussten Mechanismen des Denkens zu überlisten. Heute hindert uns diese Spaltung daran, ein neues, stimmigeres Weltbild zu entwickeln, ein Weltbild, das die Materie nicht mehr als toten Gebrauchsgegenstand, sondern als lebendigen Organismus betrachtet. Wenn sich die neuen Ideen wirklich in unserem Alltag bemerkbar machen sollen, müssen wir unsere Gedankenformen verändern.

10
Veränderungen sehen

«Der Kopf ist rund, damit das Denken die Richtung wechseln kann.»
FRANCIS PICABIA

Seit vielen Jahren wissen wir, dass die Materie ein lebendiges energetisches Gewebe ist, das fast vollständig aus Bewegung und leerem Raum besteht. Wir selbst sind ein Teil dieses Gewebes, nicht nur durch unseren Körper, sondern auch durch unser Bewusstsein. Wir nutzen alle Technologien, die nur durch dieses Wissen entwickelt werden konnten. Unsere Zukunft hat längst angefangen. Warum also leben wir immer noch in einer Welt des Materialismus, in einer Welt, die Messbarkeit mit Wirklichkeit und objektive Tatsachen mit Wahrheit verwechselt? Die Antwort ist einfach: Wir brauchen eine bestimmte Anzahl von Menschen, die zulassen, dass dieses Wissen ihr Denken verändert und die bereit sind, die Welt mit anderen Augen zu sehen.

Es sind Ihre Aufmerksamkeit und Ihre Offenheit, die uns als Gesellschaft ermöglichen, Zeichen zu lesen und Wege zu finden. Sie haben bereits begonnen, Ihren Blick in eine andere Richtung zu wenden. Das folgende Kapitel soll Sie ermuntern, wach zu bleiben, während Sie Zeitung lesen, mit Menschen sprechen, auf einer Straße gehen, Ihr Leben leben, wann immer es Ihnen möglich ist. Verschiedene Beispiele sollen Sie anregen, im Alltag weiterzudenken. Falls Sie mit einem der Beispiele nicht einverstanden sein sollten, umso besser! Das Gewebe der Welt verändert sich ständig und Ihr Bewusstsein kann dabei helfen, all diese Veränderungen wahrzunehmen und damit die Entstehung eines neuen Weltbildes zu unterstützen.

Zeit der Veränderungen

Der ungarische Ministerpräsident Ferenc Gyurcsány hat im Frühjahr 2006 in einer inoffiziellen Fraktionssitzung eine erstaunliche Rede gehalten. Er hat zugegeben, dass er keine Ahnung hat, wie sich die Zukunft entwickeln wird, dass seine Entscheidungen niemals perfekt sein werden und dass er die Konsequenzen seines politischen Handelns nicht absehen kann. Er hat zugegeben, dass sich in den vergangenen Jahren politisch und gesellschaftlich nichts bewegt hat, dass die Regierung lediglich so getan hat, als würde sie regieren, und dass sie die Bevölkerung belogen hat, um nicht an Popularität zu verlieren. Er hat laut ausgesprochen, was alle längst hätten wissen können: dass Bildungs-, Arbeits-, Gesundheits- und Finanzwesen auf einer Reihe von Lügen aufgebaut sind. Kleine Reformen sollten davon ablenken, dass niemand es wagte, die großen Umbrüche Anfang des 21. Jahrhunderts mit großen neuen politischen und gesellschaftlichen Entwürfen zu begleiten. Er habe dieses Spiel satt und wolle jetzt wirklich etwas tun.

Als diese Rede im Spätsommer 2006 an die Öffentlichkeit kam, war die Bevölkerung empört. Demonstranten lieferten sich nächtelang Straßenschlachten mit der Polizei, und viele

Menschen wurden dabei verletzt. Die Demonstranten forderten den Rücktritt des Ministerpräsidenten, doch dieser lehnte ab. Er habe keine Zahlen gefälscht, sondern lediglich ausgesprochen, worüber normalerweise geschwiegen werde.

Die Rede des ungarischen Ministerpräsidenten könnte vermutlich derzeit vor fast allen Parlamenten der Welt gehalten werden – mit wenigen, winzigen Änderungen. Fast jede Regierung müsste eingestehen, dass ihre gewohnten Konzepte und Strategien den Problemen des 21. Jahrhunderts nicht gerecht werden.

Die Strategien der Vergangenheit gehen von der Möglichkeit des unendlichen wirtschaftlichen und materiellen Wachstums aus, doch für unendliches Wachstum brauchten wir einen unendlich großen Planeten mit unendlichen Ressourcen, und den haben wir nicht. Unsere Ressourcen gehen zur Neige, und die Abfallprodukte des Wirtschaftswachstums zerstören mehr und mehr unsere Lebensgrundlage. Die Folge sind Klima- und Naturkatastrophen, Kriege und soziale Ungerechtigkeit.

Es gab eine Zeit, in der Wirtschaftswachstum tatsächlich Arbeitsplätze und materiellen Wohlstand garantierte. Unser gesamtes Finanz-, Gesundheits-, Versicherungs- und Bildungssystem ist immer noch an diesen Zusammenhang gekoppelt. Doch inzwischen können wenige Menschen mithilfe der Technik Waren produzieren, die für die gesamte Menschheit ausreichen. Um alle Menschen mit Arbeit zu versorgen, müssen wir deshalb endlos Waren produzieren und Dienstleistungen anbieten, die niemand braucht: Ein kurzer Blick in die Werbung reicht, um festzustellen, dass wir auch darin schon weit fortgeschritten sind. Die Notwendigkeit des Wirtschaftswachstums treibt die absurdesten Blüten: Bis vor wenigen Jahren konnten sich Männer mit einer Rasierklinge und etwas Schaum wunderbar rasieren. Ein solcher Rasierapparat hielt ein Leben lang. Es folgten Apparate mit zwei oder drei Klingen, die von vielen Männern als Verbesserung gewertet wurden. Inzwischen werden Rasierapparate mit fünf Klingen auf der Vorderseite und einer Klinge auf der Rückseite angeboten. Die Vorderseite ist durch die vielen Klingen so breit geworden, dass schwer erreichbare Stellen wieder ganz altmodisch mit einer Klinge rasiert werden müssen. Es scheint noch nicht einmal schwer zu sein, genügend Menschen von den Vorzügen solcher Apparate zu überzeugen. Trotzdem werden mehr und mehr Menschen arbeitslos. Wir entwickeln nicht nur überflüssige Produkte, sondern auch Maschinen, die diese überflüssigen Produkte produzieren.

Sowohl die rasanten technischen Entwicklungen als auch die Endlichkeit unserer Ressourcen zeigen deutlich, dass es nicht das Wirtschaftswachstum sein wird, das unser ökologisches, ökonomisches und soziales System wieder ins Gleichgewicht bringen wird. Jeder Versuch, unser gewohntes System zu revitalisieren, läuft ins Leere. Um nur ein Beispiel zu nennen: Um die Arbeitslosigkeit in Deutschland zu bekämpfen, wurden die Arbeitsämter mit riesigem finanziellen Aufwand umstrukturiert. Bewerbungstrainings, Weiterbildungen und Umschulungen sollten den Arbeitslosen helfen, schnell wieder Arbeit zu finden. Das klingt sinnvoll! Solange es genug Arbeit gibt. Auch die beste Weiterbildungsmaßnahme schafft jedoch keinen neuen Arbeitsplatz. Also haben Regierung und Gewerkschaften mit der Wirtschaft verhandelt – teilweise erfolgreich. Bei VW waren die Arbeiter bereit, ihre Arbeitszeit und ihren Lohn zu reduzieren, damit niemand entlassen werden muss. Sie waren bereit, ihren materiellen Wohlstand zu reduzieren, damit alle ihr Auskommen hatten. Eine wirklich gute Idee. Doch einige Zeit später sollten die Arbeiter wieder mehr arbeiten – aber ohne Lohnausgleich! VW hatte wieder mehr Arbeit, nicht aber mehr Arbeitsplätze. Es musste billiger produziert werden.

Es geht hier nicht darum, das zu beurteilen, sondern darum zu zeigen, dass die Probleme des 21. Jahrhunderts nicht mit den ökonomischen Gesetzen des 20. Jahrhunderts gelöst werden können. Die jüngste Vergangenheit ist voll von solchen Beispielen. Wirtschaftswachstum und Arbeitsplätze sind längst nicht mehr unauflöslich aneinander gekoppelt. Die Deutsche Bank hat im Jahr 2005 Rekordgewinne erzielt und trotzdem über 5000 Arbeitsplätze abgebaut.

Das alles geschieht öffentlich, und dennoch lassen wir uns Tag für Tag erzählen, dass wir den Konsum ankurbeln müssen, um mehr Arbeitsplätze zu schaffen. Diese Aussage vieler Wirtschaftswissenschaftler und Politiker stützt sich auf Untersuchungen aus dem 20. Jahrhundert. Der amerikanische Ökonom Arthur Melvin Okun (1928–1980) hat 1962 den Zusammenhang zwischen Wirtschaftswachstum und Arbeitslosenquote anhand von empirischen Daten untersucht. Er hat festgestellt, dass das Bruttoinlandsprodukt[*] jährlich um 2,5 Prozent wachsen muss, um die Arbeitslosenquote um

[*] Das **Bruttoinlandsprodukt** ist ein Maß für die wirtschaftliche Leistung einer Volkswirtschaft in einem bestimmten Zeitraum. Es misst den Wert der im Inland hergestellten Waren und Dienstleistungen.

1 Prozent zu senken. Diesen Zusammenhang hat er in einem ökonomischen Gesetz festgehalten (das Okun'sche Gesetz). Unter den ökonomischen, ökologischen und politischen Bedingungen der zweiten Hälfte des 20. Jahrhunderts hat sich dieses Gesetz als hilfreich erwiesen. Doch die Rahmenbedingungen haben sich geändert. Wir können uns nicht dadurch in die Situation des 20. Jahrhunderts zurückversetzen, dass wir das Okun'sche Gesetz weiterhin ungeprüft für gültig halten.

Erst wenn wir verstehen, auf welche Weise sich die Bedingungen in allen Lebensbereichen geändert haben, können wir die Voraussetzungen für eine gelingende Ökonomie des 21. Jahrhunderts schaffen. Vielleicht würde dann jemand herausfinden, dass die Arbeitslosenquote besonders drastisch sinkt, wenn der Anteil der Dienstleistungen am Bruttoinlandsprodukt einen bestimmten Prozentsatz übersteigt. Damit wäre zugleich ein Beitrag zum ökologischen Gleichgewicht geleistet. Vielleicht würde sogar jemand herausfinden, dass wir ein ausgewogenes Verhältnis zwischen geistigem und materiellem Wachstum brauchen, um das Problem der Arbeitslosigkeit zu lösen; oder auch, dass die Arbeitslosigkeit dann sinkt, wenn der Anteil der Ausgaben für Bildung und Kunst einen bestimmten Prozentsatz des Bruttoinlandsproduktes nicht unterschreitet. Vieles wäre möglich.

Es gibt immer noch und immer wieder Politiker, die öffentlich behaupten, viele Arbeitslose seien nicht bereit, Arbeit anzunehmen. Und das, obwohl jeder weiß, dass es diese Arbeit gar nicht gibt. Andere Politiker behaupten, Arbeit habe allein mit Bildung zu tun. Wenn wir nur dafür sorgten, dass alle Menschen einen qualifizierten Schulabschluss hätten, dann könnten auch alle Menschen eine bezahlte Arbeit finden; bezahlte Arbeitsplätze, die es derzeit gar nicht gibt. Es ist mit Sicherheit sinnvoll, sich durch Bildung zu qualifizieren. Durch Bildung haben wir die Möglichkeit, einen der wenigen Arbeitsplätze zu ergattern, aber auch Bildung schafft nicht die erhofften Arbeitsplätze. Lediglich einige Lehrer würden dadurch neu eingestellt.

All die Zusammenhänge, auf die wir unser Leben aufgebaut haben, an die wir geglaubt haben und an die wir immer noch glauben wollen, gibt es nicht mehr. Wir müssen uns eingestehen, dass es Zeit ist für wirkliche Veränderungen. Nicht Schönheitsreparaturen am bestehenden System, sondern wirkliche Veränderungen! Wir müssen all die Begriffe, die unser Leben strukturieren, ganz neu bedenken. Was ist Arbeit? Was ist Gerechtigkeit? Was ist Wohlstand? Was ist Glück? Wie können wir ein modernes Leben im Einklang mit der Natur gestalten? Worin besteht die Würde des Menschen, und wie schützen wir sie?

All diese Fragen haben inzwischen globalen Charakter. Es ist nicht mehr hilfreich, sie ausschließlich auf nationaler oder gar individueller Ebene zu stellen. Denn jede unserer Handlungen und jede unserer Antworten beeinflusst den ganzen Planeten.

Vielleicht fragen Sie sich jetzt, wer denn das alles überblicken soll. Diese Frage ist berechtigt. Es ist völlig unmöglich, dass wenige Menschen in einzelnen Regierungen die Aufgabe des Nachdenkens für alle übernehmen. Die meisten Regierungen haben noch nicht einmal einen Offenbarungseid geleistet. Der ungarische Ministerpräsident ist eine große Ausnahme. Ganz gleich, welche politischen Fehler er in der Vergangenheit begangen hat oder in der Zukunft begehen wird, dafür gebührt ihm Respekt. Es ist an der Zeit, dass wir alle diesen Offenbarungseid leisten. Wir müssen alle darüber nachdenken, auf welcher Grundlage und mit welchen Werten wir unsere Welt in Zukunft gestalten wollen. Niemand muss all diese Fragen alleine beantworten.

In einem ersten Schritt geht es auch gar nicht um Antworten. Wir müssen nur anerkennen, dass diese und viele andere Fragen wirklich offen sind und dass wir uns ihnen mit unserem kreativen Potenzial widmen sollten, anstatt weitere überflüssige Produkte zu erfinden. Wenn sich das kollektive Bewusstsein neu sortieren soll, müssen möglichst viele Menschen ihre Aufmerksamkeit auf diese Fragen richten. Denn jeder ist Teil des kollektiven Bewusstseins. Ideen, die das kollektive Bewusstsein bewegen sollen, brauchen eine kollektive Aufmerksamkeit. Das Bewusstsein einzelner Menschen reicht nicht aus, um kollektive Veränderungen zu ermöglichen. Solange wir so tun, als könne uns jemand diese Arbeit abnehmen, verlieren wir wertvolle Zeit.

Letztlich werden es dann sicher einzelne Menschen oder Gruppen von Menschen sein, die auf die unterschiedlichen Fragen konkrete Antworten finden. Doch ihre Ideen werden auf keinen fruchtbaren Boden fallen, wenn nicht genügend Menschen ihr Bewusstsein auf diese Fragen ausgerichtet haben. Wir sind es nicht gewohnt, mit offenen Fragen zu leben, schon gar nicht, wenn sie unsere gesamte Existenz betreffen. Offene Fragen wecken Unsicherheit und Ängste. Doch diese Fragen gehen uns alle an, unsere Gegenwart, unsere Zukunft und die Zukunft der kommenden Generationen. Um wirkliche Veränderungen zu ermöglichen, müssen wir uns eine Zeit des bewussten und aktiven Nicht-Wissens zugestehen, eine Zeit der Offenheit, eine Zeit der philosophischen Fragen. Nur so können wir gemeinsam einen globalen Bewusstseinswandel vollziehen.

Was könnte den Materialismus ablösen?

Die Zeit, deren Ende bereits abzusehen ist, ist die Zeit des Materialismus. Sie wird enden, weil sie die Probleme, die sie geschaffen hat, nicht mehr zu lösen vermag. Die Zeit des Materialismus ist von einem Weltbild geprägt, das allein die Materie als Urstoff des Universums und als Grundlage der Realität anerkennt: Alles, was real ist, muss auf irgendeine Weise materiell fassbar und objektiv messbar sein.

Die Ergebnisse der Quantenphysik haben gezeigt, dass die Materie einen ganz anderen Charakter hat, als wir bislang angenommen haben. Auf subatomarer Ebene ist sie ein äußerst bewegliches Netzwerk instabiler energetischer Beziehungen. Subatomare Teilchen entstehen und vergehen so schnell, dass der Begriff des Teilchens gar nicht mehr wirklich zutreffend ist. Unter einem Teilchen stellen wir uns ein eindeutig bestimmbares und lokalisierbares Objekt vor, doch subatomare Teilchen sind eher temporäre Erscheinungen in einer beweglichen, energetischen Welt. Die kleinsten Bausteine unseres Universums sind so immateriell, dass wir sie trotz der ausgefeiltesten Technologien kaum erfassen können.

Die stabile Grundlage unserer Zivilisation entpuppt sich als Netzwerk flüchtiger Beziehungen. Sowohl wir selbst als auch das ganze Universum sind ein Teil davon. Jede Bewegung innerhalb dieses Netzwerkes beeinflusst das ganze Gefüge. Auf subatomarer Ebene ist es nicht möglich, Objekte und Subjekte voneinander zu trennen. Alles ist mit allem verwoben.

Der Begriff der Objektivität wird damit hinfällig. Er muss durch den Begriff der Beziehung ersetzt werden. Wie aus der flüchtigen Welt subatomarer Beziehungen die Illusion einer stabilen Oberfläche entsteht, ist noch nicht geklärt. Wie die Gesetze der Mikroebene und die Gesetze unserer Alltagswelt ineinander greifen, ist ein großes Rätsel. Solange dieses Rätsel nicht gelöst ist, befinden wir uns in einem seltsamen Schwebezustand. Das Weltbild des Materialismus ist nicht mehr tragfähig, doch wir haben noch kein neues Weltbild, um das alte zu ersetzen.

Aus naturwissenschaftlicher Perspektive hat längst ein neues Zeitalter begonnen, doch die alten Gedankenformen bestimmen noch immer unseren Alltag. Die Frage, was diese Gedankenformen ablösen könnte, ist heikel, sie zu beantworten, wäre vermessen, doch wenn wir unsere Zeit mit etwas Abstand betrachten, gibt es Hinweise.

Es zeigt sich, dass unsere materielle Welt mehr und mehr von immateriellen Werten durchdrungen wird. Wir entwickeln sowohl in technologischer als auch in psychologischer Hinsicht Analogien zur Welt der Quantenphysik. In den vergangenen zwanzig Jahren hat sich eine immaterielle Realität in unseren Alltag eingeschlichen. Wir telefonieren, ohne Leitungen zu legen, und wir erhalten jede erdenkliche Information über das Internet, drahtlos, und wenn es sein muss auch an den abgelegensten Orten.

Der Begriff «Netzwerk» wird häufiger gebraucht als je zuvor. Er beschreibt meistens immaterielle Verbindungen zwischen Menschen, Organisationen oder auch technischen Geräten. Wir beginnen diese immateriellen Netzwerke zu schätzen, und was in unserer materiellen Kultur fast noch erstaunlicher ist: Wir halten ihre Existenz trotz ihrer immateriellen Beschaffenheit für real und selbstverständlich. Wer beruflich erfolgreich sein möchte, weiß, dass er neben einer guten Ausbildung auch ein Netzwerk von persönlichen Beziehungen knüpfen muss. Diese Netzwerke von Beziehungen haben keinerlei negativen Beiklang mehr. Wir gehen davon aus, dass die Qualifikation eines Menschen für eine bestimmte Aufgabe nicht allein von seinen Zeugnissen abhängt, sondern auch von seiner Fähigkeit, Beziehungen zu knüpfen. Wir bevorzugen eine Bewerberin oder einen Bewerber, von deren menschlicher und fachlicher Qualifikation wir uns persönlich überzeugt haben.

Das ist natürlich kein neues Phänomen. Neu ist lediglich, dass wir diese persönlichen Beziehungen nicht mehr heimlich nutzen und offiziell mit dem Begriff «Seilschaften» abqualifizieren, sondern sie ganz offen pflegen und als großen Wert anerkennen.

Im Einzelfall ist es natürlich nicht immer leicht, zwischen Seilschaften und Netzwerken zu unterscheiden, doch der Wandel des Begriffs weist auf einen Wandel unseres Denkens hin. In Seilschaften ziehen Menschen an einem Strang, um sich gegenseitig bei ihrem Ziel zu unterstützen, sich materiell zu bereichern. Bei Netzwerken denken wir meist an Gruppen von Menschen, die sich gegenseitig tragen und unterstützen. Der Begriff ist nicht durchweg positiv geprägt – wir sprechen auch von Terrornetzwerken –, doch er wird selten mit rein materiellen Interessen verknüpft. Bei der Mafia sprechen wir beispielsweise immer noch von Seilschaften.

Netzwerke sind also stets auch durch immaterielle Qualitäten verbunden, durch politische, soziale, wirtschaftliche und religiöse Glaubenssätze mit negativen und positiven Auswirkungen. Ganz unabhängig von der Bewertung der Auswirkungen, halten wir jedoch die Fähigkeit eines Menschen, tragfähige Beziehungen zu knüpfen und lebendig zu halten, für eine wesentliche Qualität. Eine Qualität, die wir nicht messen können und die unser Leben dennoch entscheidend beeinflusst.

Wir haben für diese und andere immaterielle Qualitäten den Begriff «soft skills» geprägt. Soft skills sind «weiche» Fähigkeiten. Fähigkeiten, die wir nicht messen können und die wir dennoch für wirklich halten. Fähigkeiten, an denen wir zeitlebens arbeiten müssen und die uns niemand ein für alle Mal durch ein Zertifikat bestätigen kann. Fähigkeiten, die zum Teil untrennbar mit unserer Persönlichkeit verknüpft sind. Dazu gehören neben unserer Fähigkeit, mit Menschen umzugehen, auch unser Denk- und Wahrnehmungsvermögen, unsere Kreativität oder die Fähigkeit, Mitgefühl zu empfinden. Dass wir für diese Fähigkeiten einen eigenen Begriff gefunden haben, zeigt deutlich, dass sich unsere Wahrnehmung der Welt und der Menschen verändert hat.

Doch unsere politischen, sozialen und ökonomischen Strukturen orientieren sich noch immer an materiellen Werten. Arbeit ist beispielsweise immer noch in erster Linie das, wofür wir bezahlt werden. Wer nicht bezahlt wird, ist arbeitslos. Und wer arbeitslos ist, wird gesellschaftlich nicht anerkannt. Auch dann, wenn er seine Kinder betreut oder in einem Internetlexikon anderen Menschen kostenlos sein Wissen zur Verfügung stellt. Die Maßeinheit für Arbeit ist nicht zeitlicher Aufwand, sozialer Nutzen oder der kreative Einsatz von Fähigkeiten, sondern Geld. Dass das absurd ist, ist offensichtlich. Doch die neuen Gedankenformen haben unser materielles Weltbild noch längst nicht abgelöst.

Ein weiteres Beispiel ist unser Umgang mit dem Internet: Die meisten Menschen wissen nicht, wie dieses Netz funktioniert. Sie glauben, es sei eine technische Entwicklung auf der Grundlage von rational begründbaren physikalischen Naturgesetzen. So wie jede andere technische Entwicklung. Das heißt vor allem, dass dieses virtuelle Netzwerk kontinuierlich aus einer eindeutigen Abfolge von Ursachen und Wirkungen entsteht. Zwar wissen wir nicht genau, welche einzelnen Ursachen den einzelnen Wirkungen vorausgehen, doch wir sind sicher, dass wir es wissen könnten, wenn wir nur gebildeter wären. Irgendjemand da draußen hat dieses ganze System logisch, rational und streng wissenschaftlich durchdacht, irgendjemand hat den Überblick, irgendjemand weiß genau, welche Knöpfe man drücken muss, um bestimmte Ziele zu erreichen – das ist jedenfalls der Mythos. Dass wir diesen Menschen nicht kennen, scheint ein unwesentliches Detail zu sein. Auch dann, wenn uns unsere eigenen Erfahrungen mit Computernetzwerken nahelegen, dass wir neben technischen Kenntnissen eine gute Intuition brauchen, um mit diesen komplexen Systemen umzugehen.

Ein Freund hat sich beispielsweise vor einigen Tagen darüber beklagt, dass sein Computer nicht mehr reagiert, wenn er ihn einschalten will. Er hat alle Leitungen und Kabel überprüft und war kurz davor, den Computer zur Reparatur zu bringen. Mein Mann hat ihm geraten, den Stecker aus der Tastatur zu ziehen und ihn dann wieder einzustecken. Danach funktionierte der Computer wieder. Als ich meinen Mann um eine technische Erklärung des Phänomens bat, sagte er: «Keine Ahnung, war nur so eine Idee. Ich denke an den Computer und er sagt mir, was ihm fehlt.» Finden Sie das normal?

Für ihn ist der Computer ein Organismus, zu dem er eine Beziehung aufbauen kann, ein technisches System mit einer gewissen Eigendynamik. Viele Computerspezialisten würden das vermutlich anders formulieren, doch einige geben unumwunden zu, dass es in den meisten Fällen die Verbindung von technischem Wissen und Intuition ist, die zum Erfolg führt. Was auch immer ihnen zu dieser Intuition verhilft, es ist auf jeden Fall keine nachvollziehbare Abfolge von Ursachen und Wirkungen. Es ist eine seltsame Form von Beziehung zu einem dynamischen, technischen System.

Ob wir die Abfolge von Ursachen und Wirkungen nur deshalb nicht mehr nachvollziehen können, weil ihre Verzweigungen zu komplex sind, sei dahingestellt. Sicher ist, dass wir mehr als nur rationale Fähigkeiten brauchen, um damit umzugehen. So hat sich heimlich, still und leise eine lebendige Kultur von undurchschaubaren Informationen und Beziehungen eingeschlichen, die wir täglich ergänzen und erweitern. Beziehungen zwischen materiellen und immateriellen Elementen, mit kontrollierbaren und unkontrollierbaren Eigenschaften. Beziehungen zwischen technischen Organismen und geistigen Kompetenzen. Dazu eine völlig unübersichtliche Internetkultur, in der Suchmaschinen über Hierarchien bestimmen, in der der Zufall oft die besten Ergebnisse liefert und in der uns völlig fremde Menschen kostenlos ihr Wissen zur Verfügung stellen. Eine Kultur, in der strategisches Vorgehen und lineares Denken wahlweise zum Erfolg führen oder auch nicht. Eine Kultur, in der Wirkungen nicht immer auf

Ursachen zurückgeführt werden können. Eine Kultur, in der das Wissen, die moralische Integrität und auch die Kreativität jeder einzelnen Teilnehmerin und jedes einzelnen Teilnehmers gleichermaßen bedeutsam sind. Eine Kultur, in der jeder für jeden Kunst hervorbringt, Informationen verbreitet, Meinungen zum Besten gibt oder Unterhaltung produziert.

Jeder Beitrag ist ein Baustein. Man kann über Karten und Kameras an jeden Ort der Welt reisen, sich von wildfremden Menschen Bohrmaschinen leihen oder sich kostenlos beim Renovieren helfen lassen. Man kann auch Viren verbreiten, die Computersysteme zerstören oder Konten und Kreditkarten plündern. Niemand weiß vollständig, wie das Internet funktioniert, doch wir akzeptieren es sowohl inhaltlich als auch technisch – mit seiner ganzen Regellosigkeit – mehr und mehr als Teil unseres Alltags. Wir entwickeln die Fähigkeit, uns in dieser immateriellen Welt, die sich unaufhörlich verwandelt, zurechtzufinden, ohne uns bedroht zu fühlen. Das allein wird unsere Denkstrukturen verändern. Es wird sie beweglicher und lebendiger machen. Die Welt der Computer ist ein gutes Übungsfeld für das, was uns erwarten könnte.

Und doch genügt es nicht, sich indirekt und unbewusst in die neuen Strukturen einzuüben. Wir müssen verstehen, wie sie unser Leben verändern. Natürlich können wir die Gesetze der Quantenphysik nicht eins zu eins auf unsere gesellschaftlichen, ökologischen oder ökonomischen Strukturen übertragen, aber sie helfen uns, mögliche Eigenschaften eines neuen Weltbildes zu erfassen. Sie helfen uns zu verstehen, dass wir uns mit neuen Begriffen vertraut machen müssen. Und sie helfen uns zugleich, präzise und beweglich zu denken.

Die Begriffe der Quantenphysik beschreiben selbstverständlich physikalische und nicht gesellschaftliche Phänomene. Doch die Begriffe der Physik hatten zu allen Zeiten auch symbolischen Charakter. Sie waren immer auch wegweisend für gesellschaftliche Entwicklungen. Die Entdeckungen Galileis leiteten einen gesellschaftlichen Umbruch ein, und der Materiebegriff Newtons bildete über Jahrhunderte die Grundlage unseres gesellschaftlichen Systems. Deshalb ist es nur scheinbar weit hergeholt, Heisenbergs Begriff der Unschärferelation auf die gesellschaftlichen Entwicklungen unserer Zeit zu übertragen.

Betrachten wir es einfach als Denk-Spiel. Die Unschärferelation besagt, dass man nicht alle Eigenschaften der kleinsten Teilchen gleichzeitig exakt bestimmen kann. Bestimmen wir den Aufenthaltsort eines Teilchens, bleibt beispielsweise die Geschwindigkeit, mit der es sich fortbewegt, im Dunkeln. Der Begriff der Unschärferelation beschreibt damit eine Eigenschaft, die jeden lebendigen Organismus auszeichnet. Bei einem lebendigen Organismus stehen alle Einzelteile ständig miteinander in Beziehung und können deshalb niemals unabhängig voneinander vollständig bestimmt werden. Jede Bewegung verändert das ganze System.

Die Unschärferelation ist eine wesentliche und notwendige Eigenschaft alles Lebendigen. Sie bildet ein beziehungsorientiertes Gegenmodell zum Begriff der objektiven Tatsachen. Netzwerke von Beziehungen können niemals vollständig bestimmt werden. Je klarer wir einzelne Aspekte bestimmen, desto undeutlicher wird ihre Beziehung. Je deutlicher wir die Beziehung bestimmen, desto unbestimmter werden die einzelnen Aspekte. Das trifft auf unsere Finanzmärkte ebenso zu wie auf die Sozialsysteme oder Familiensysteme. Es lohnt sich also, sich mit dem Begriff der Unschärferelation anzufreunden und damit zu arbeiten. Er zeigt uns, dass wir für die Eindeutigkeit und Fixierbarkeit einer Erkenntnis einen hohen Preis bezahlen. Es ist der Preis des Lebendigen.

Es ist nichts falsch daran, Einzelaspekte aus dem Netzwerk des Lebendigen herauszugreifen, um sie genau betrachten zu können. Es ist nichts falsch am rationalen, analytischen Denken. Es ist nichts falsch an objektiven Tatsachen. Solange wir uns darüber im Klaren sind, dass wir diese Einzelaspekte nie wieder zu einem lebendigen Organismus zusammensetzen können. Ein Organismus ist keine Maschine, denn er verändert sich, während wir ihn betrachten.

Wenn wir das Beziehungsgewebe unserer Welt, das Beziehungsgewebe der Materie, das Beziehungsgewebe, das wir selbst sind, in seiner beweglichen Unschärfe erfassen wollen, müssen wir zulassen, dass all die anderen Aspekte unseres Denkens und unserer Wahrnehmungsfähigkeit wirksam werden. Wir müssen verstehen, dass wir der Welt nicht als unabhängige Beobachter gegenüberstehen, sondern selbst ein wesentlicher Teil dessen sind, was wir begreifen wollen. Nicht nur die Elementarteilchen, sondern auch wir selbst sind Teil des Organismus, um den es hier geht. Unsere Fähigkeit, beweglich zu denken und Situationen als Ganzes zu erfassen, entspricht der Beschaffenheit dieses Organismus. Wir sind also bestens ausgestattet, um unsere Zukunft zu gestalten!

11
Was tun?

Verantwortung ist immer konkret. Sie hat einen Namen,
eine Adresse und eine Hausnummer.

KARL JASPERS

Vielleicht fragen Sie sich inzwischen, was Sie jetzt mit all diesen Erkenntnissen anfangen sollen. Wenn das neue Wissen
dabei helfen soll, die Welt oder Ihr Leben zu einem besseren
Ort zu machen, muss es doch erst noch praktisch umgesetzt
werden. Um es mit den Worten des amerikanischen Regis-
seurs Garson Kanin auszudrücken: «Amateure hoffen, Profis
handeln.» Das klingt zunächst einleuchtend. Doch auch die
Auffassung, dass sich noch nie etwas allein durch Nachdenken verändert hat, gehört zu den grundlegenden Gedankenformen des Materialismus. Auch sie ist uns so vertraut, dass
wir nicht auf die Idee kommen, sie infrage zu stellen. Aber
genau das werden wir jetzt tun. Wir werden uns die Frage
stellen, ob sich durch bloßes Denken tatsächlich etwas verändern kann. Und ob sich nicht, während Sie dieses Buch gele-
sen haben, bereits etwas verändert hat.

Wahrnehmungsfähigkeiten erweitern

Beginnen wir mit einer kleinen Übung. Wo auch immer Sie sich gerade befinden, sehen Sie sich ein wenig um. Betrachten Sie zuerst die Gegenstände, die sich in Ihrer Nähe befinden. Vielleicht sehen Sie einen Stuhl oder einen Stein oder einen Baum. Greifen Sie einen der Gegenstände heraus und beschreiben seine Lage. Der Baum vor Ihrem Fenster ragt beispielsweise aufrecht in den Himmel. Sie sehen also einen in den Himmel ragenden Baum. Jetzt betrachten Sie für einen Augenblick nur das *In-den-Himmel-Ragen* des Baumes oder das *Auf-der-Erde-Liegen* des Steines oder das *Auf-dem-Holzboden-Stehen* des Stuhles. Konzentrieren Sie sich auf das Verhalten der Dinge und ihre Beziehung zueinander anstatt auf ihren Objektcharakter. Falls es Ihnen schwerfällt, diese Übung in geschlossenen Räumen zu machen, versuchen Sie es draußen in der Natur.

Verändert sich dadurch Ihre Wahrnehmung des Raumes? Fühlen sich «die Dinge» lebendiger an? Ich könnte auch fragen: Verändert sich dadurch die Welt?

Sollte sich tatsächlich etwas verändert haben, wäre das nicht verwunderlich. Denn die Welt ist nichts anderes als ein lebendiges Gewebe von Beziehungen, und Ihre Wahrnehmung ist ein Teil davon. Verändert sich Ihre Wahrnehmung, dann verändert sich die Welt. Liegt der Fokus auf dem *In-den-Himmel-Ragen* des Baumes, wird es Ihnen auch leichter fallen, seine Beziehung zum Boden wahrzunehmen, zu anderen Bäumen und zum Weg, vielleicht scheint er Ihnen sogar für einen Augenblick lebendig zu sein. Sogar ein einfacher Bürostuhl kann diesen Eindruck erwecken. Warum aber, fragen Sie sich jetzt vielleicht, brauchen Sie einen lebendigen Bürostuhl? Wie könnte dieser Stuhl die Welt oder Ihr Leben zu einem besseren Ort machen? So einfach ist es tatsächlich nicht. Bei dieser Übung geht es nämlich gar nicht darum, unmittelbar Ihr Wohlbefinden zu steigern, es geht um einen Erkenntnisprozess. Doch dieser Erkenntnisprozess könnte zur Grundlage der Veränderung werden. Mit dieser Übung können Sie ein Gefühl dafür entwickeln, dass Sie mit Ihrer Art zu sehen die Realität mitbestimmen. Aber selbstverständlich könnte das auch unmittelbare Konsequenzen haben wie z. B. ein gesteigertes Umweltbewusstsein oder ein anderes Kaufverhalten. Denn wenn wir eine lebendige Beziehung zu etwas haben, gehen wir achtsamer damit um.

Ob wir die Welt als tot oder lebendig, als bewegt oder unbewegt erfahren, als festes Gefüge oder in stetiger Veränderung begriffen, ist allein eine Frage der Wahrnehmung. Wir können nicht immer alle Dimensionen der Wirklichkeit gleichzeitig und mit gleicher Intensität in den Blick nehmen, aber wir können unsere Sinne ab und zu anders ausrichten und dadurch neue Gedankenformen entstehen lassen, die uns andere Erkenntnisse ermöglichen.

So werden wir uns darüber bewusst, dass wir immer nur den Ausschnitt der Realität erfassen, auf den wir uns gerade einstellen. Konzentrieren wir uns auf Objekte, erkennen wir ihren Objektcharakter, blenden dabei aber Bewegungen, Beziehungen und Atmosphäre aus. Wir leben dann in einer Welt der Gegenstände und betrachten es als höchsten Wert, möglichst viele dieser Objekte anzuhäufen und zu besitzen. Diese Einstellung zum Leben haben wir als Gesellschaft über einige

Jahrhunderte gepflegt. Im Augenblick kämpfen wir mit den Resultaten: verschmutzte Meere, verpestete Luft oder Berge von Sondermüll. Materie erscheint uns in den meisten Fällen als unbelebtes Material, das zu unserer Bequemlichkeit zur Verfügung steht oder das wir entsorgen müssen. Wir erfahren sie nicht als Teil einer lebendigen Welt. Fische, Pflanzen oder Erdöl sind Ressourcen und keine Mitbewohner. Stühle sind Produkte und nicht Teil unseres Lebens, für den wir verantwortlich sind. Könnten wir die Stühle als Teil unseres Lebens wahrnehmen, sähen viele von ihnen vermutlich anders aus. Vielleicht wären sie dann so gebaut, dass wir auch in 30 Jahren noch gerne darauf sitzen würden. Vielleicht wäre aber auch das Gegenteil der Fall: Sie wären so flexibel gestaltet, dass immer wieder Neues aus ihnen entstehen könnte. Doch eines ist sicher, ob wir nun über Stühle nachdenken oder über Energiegewinnung: Eine andere Beziehung zur Materie wird die Grundlage für die wesentlichen Ideen der Zukunft bilden, und an dieser Beziehung arbeiten wir durch die Erweiterung unserer Wahrnehmungsfähigkeit mit.

Auf der physischen Ebene verändert sich durch diese Übung das Gehirn, es entstehen neue Verbindungen zwischen Gehirnzellen und es werden Wege gebahnt, die sich immer leichter begehen lassen. Je öfter wir uns auf eine bestimmte Weise konzentrieren, desto mehr unterstützt uns die Beschaffenheit des Gehirns dabei. Eine ermutigende Erkenntnis der modernen Hirnforschung lautet: Das Gehirn ist als Wahrnehmungsorgan so komplex und beweglich wie das Leben selbst. Wann immer wir einen Gedanken denken, verändert es sich.

Der Waldboden als stabiler Untergrund, auf den wir uns setzen und verlassen können, wird uns nicht verloren gehen, aber vielleicht wird sich das Sitzen mit der Zeit anders anfühlen, vielleicht werden wir ihn anders betrachten, vielleicht werden sich bislang vernachlässigte Aspekte der Realität mehr und mehr zu erkennen geben. Dass der Boden trägt, schiebt sich in den Vordergrund, während sein starrer Objektcharakter zurücktritt. Vielleicht können Sie sogar spüren, wie sich während dieser Verschiebung Ihre Sinneswahrnehmung verstärkt. Diesen Augenblick sollten Sie sich einprägen, denn so fühlt es sich an, wenn Sie plötzlich anders und neu wahrnehmen, anstatt Sinnesdaten nach allzu bekannten Mustern zu formen. Durch diese kleine Wahrnehmungsübung entsteht die Erkenntnis, dass Sie Teil des lebendigen Beziehungsgefüges sind, das wir Welt nennen. Und vielleicht können Sie mit der Zeit sogar Ihren Wohnzimmersessel oder sogar den Bürostuhl in dieses neue Wirklichkeitsgefüge mit einbeziehen. Sie wissen jetzt, dass die Welt, die Sie normalerweise wahrnehmen, nur ein reduziertes Abbild davon ist, die Strichmännchenversion der Realität, die Sie brauchen, um sich im Alltag zurechtzufinden. So wie die Newton'sche Physik durch die Quantenphysik eine grundlegende Ergänzung erfahren hat und dadurch völlig neue Dimensionen der Wirklichkeit zugänglich wurden, können wir unsere Sichtweise erweitern und uns die Welt als lebendiges Gewebe von Geist und Materie erschließen. Bewegung und Beziehung, Möglichkeit und Offenheit, Übergänge und Unschärfe können so zu neuen Grundkategorien des Denkens werden.

Die Psychologie hat diese Vorgänge längst erforscht. Es ist kein Geheimnis mehr, dass es von unserer Einstellung abhängt, ob wir ein Glas als halb leer oder halb voll betrachten. Inzwischen wissen wir allerdings auch, dass es Möglichkeiten gibt, an dieser Einstellung zu arbeiten.

Am Universitätsklinikum Freiburg wurde anhand verschiedener Studien mit chronischen Schmerzpatienten nachgewiesen, dass sich das Schmerzempfinden der Patientinnen und Patienten um ein Vielfaches verbesserte, wenn sie an einem achtwöchigen Kurs in achtsamkeitsbasierter Stressbewältigung teilnahmen[*]. Sie übten sich in Meditation, Körperwahrnehmung und Yoga und lernten dabei, anders mit ihren physischen Symptomen umzugehen. Dieselben physischen Zustände wurden anschließend als wesentlich weniger schmerzhaft wahrgenommen. Das Wohlbefinden hatte sich entschieden verbessert. Bei einer Kontrollgruppe, die lediglich Entspannungsübungen machte und psychologisch begleitet wurde, hatte sich das Schmerzempfinden kaum verändert. Es waren also die Wahrnehmungs- und Achtsamkeitsübungen, die den Schmerzpatienten zu einem besseren Lebensgefühl verhalfen. Sie ermöglichten ihnen, dieselben physischen Zustände anders zu bewerten. Die Patientinnen und Patienten eroberten sich durch Aufmerksamkeitsübungen die Freiheit zurück, ihre Körperwahrnehmungen nicht unmittelbar als

[*] Die Methode der achtsamkeitsbasierten Stressbewältigung (MBSR: mindfulness based stress reduction) wurde 1979 von dem Molekularbiologen **Jon Kabat-Zinn** in den USA entwickelt, um durch das gezielte Lenken der Aufmerksamkeit und die Entwicklung von Achtsamkeit zur Stressbewältigung beizutragen.

Schmerz interpretieren zu müssen. Der Leiter des Freiburger Forschungszentrums, Stefan Schmidt, erläuterte das Ergebnis mit folgender Formel: Leiden = Schmerz × Widerstand. Sogar chronischer Schmerz ist also keine rein physische Angelegenheit. Er besteht auch aus unserer Reaktion auf die spezifischen Sinnesreize.

Diese Ergebnisse zeigen erstens, dass auch die physische Realität durch unsere Interpretation von Wahrnehmungsdaten entsteht, zweitens, dass wir üben müssen, wenn wir unsere Wahrnehmungsmuster verändern wollen, und drittens, dass bereits nach einer kurzen Übungsphase Veränderungen sichtbar werden können. Es lohnt sich also zu experimentieren.

Was wir «objektive Wirklichkeit» nennen, gibt es nur so lange, wie wir glauben, dass wir unbeteiligte Beobachterinnen und Beobachter sind. Es wäre allerdings ebenso verzerrend anzunehmen, die Realität werde allein durch den Beobachter bestimmt. Nach derzeitiger Erkenntnislage ist sie ebenso wenig subjektiv wie objektiv, sondern ein bewegtes Beziehungsgefüge, von dem wir ein Teil sind und wofür wir Verantwortung tragen. Die Objektivität ist lediglich ein Ordnungssystem, das wir selbst geschaffen haben, um eine bestimmte Form von Erkenntnissen zu gewinnen. Was wir «objektive Wahrheit» nennen, kann nur innerhalb dieses eigens kreierten Systems als Wahrheit gelten. Wenn wir begreifen, welche Aspekte der Realität wir durch dieses besondere Ordnungssystem sichtbar machen und welche wir ausblenden, haben wir viel gewonnen.

Wenn Sie sich darin üben wollen, ihre Wahrnehmungsmuster zu verändern, können Sie das immer dann tun, wenn

Sie gerade nicht selbst gefordert sind. Besonders geeignet sind langweilige Sitzungen. Protokollieren Sie einmal spaßeshalber all jene Dinge, die Sie sonst aus Höflichkeit übersehen: Frau Meier spielt mit dem Stift, Herr Kunze nickt achtmal pro Minute mit dem Kopf, und woran denkt wohl gerade Frau Schmidt? Es sind gerade die Übungen, bei denen kein «sinnvolles» Ergebnis erwartet wird, die Ihre mentalen Muster durchbrechen können. Denn das Starren auf Nützlichkeit und Verwertbarkeit gehört zu den größten Hindernissen, wenn wir versuchen, den materialistischen Gedankenformen zu entfliehen und unsere Wahrnehmungsfähigkeit zu erweitern. Sobald wir uns fragen, was denn nun der Mehrwert der Übung sein soll, sind wir schon wieder in unserem gewohnten Wahrnehmungsraster gefangen. Gönnen Sie sich also spielerische Pausen. Je weniger dabei herauskommt, desto mehr haben Sie geleistet.

Das Ordnen von Wahrnehmungen nach bestimmten Regeln und Mustern ist die erste Stufe des Denkens. Wenn wir einen Stuhl als Stuhl erkennen, haben wir bereits Milliarden von Sinnesdaten geordnet und zu einer Form verbunden. Was uns als passiver Vorgang des Abbildens erscheint, ist ein aktiver Denkprozess. Wenn wir uns immer wieder auf die Bewegungen des Lebens und die Beziehungen zwischen den Dingen ausrichten, werden wir nach und nach in einer anderen Welt leben. Was wir Denken nennen, ist demnach ein sehr aktiver und gestaltender Vorgang, es ist eine geistige Form des Handelns, die sichtbare und praktische Konsequenzen hat. Wenn wir die Welt als bewegliches Beziehungsgefüge erleben, werden wir uns anders verhalten, als wenn wir es mit einer Ansammlung von Gegenständen zu tun haben. Wir werden jeden Morgen anders aufstehen, werden anders zur Arbeit gehen, anders einkaufen und anders unsere Wohnung putzen. Nicht deshalb, weil wir einen Aktionsplan entwerfen, mit dem wir unsere Erkenntnisse praktisch umsetzen können, sondern weil sich jede unserer Handlungen auf der Grundlage einer veränderten Wahrnehmung vollzieht. Der entscheidende Punkt ist, eine Offenheit der Wahrnehmung für Phänomene zu entwickeln, die nicht in das gewohnte Denkmuster passen: für Plötzliches, Möglichkeiten und Unerwartetes einen Sinn zu entwickeln. Es geht nicht primär darum zu lernen, sondern eher darum, unsere gewohnten Muster zu relativieren. Wenn Sie diesen Prozess beschleunigen wollen, können Sie Ihre Wahrnehmung immer wieder aktiv auf den Bewegungscharakter der Welt ausrichten. So werden Bewegung und Beziehung nach und nach zu Grundkategorien Ihres Denkens, sie erweitern Ihre Wahrnehmungsfähigkeit und bereichern die Welt.

Den eigenen Erkenntnisweg erforschen

Wenn wir einen Garten über einen Zeitraum von 24 Stunden betrachten, werden wir je nach Tageszeit, Wetterverhältnissen und Lichteinfall Unterschiedliches zu sehen bekommen. Licht und Wetter werden sowohl auf unsere Stimmung als auch auf Blumen und Bäume Einfluss nehmen. Wir werden uns als Teil des Naturgeschehens wahrnehmen. Wenn wir nun aber versuchen, diesen Garten auf «objektive Weise» zu beobachten, um naturwissenschaftliche Erkenntnisse über seine Beschaffenheit zu erlangen, müssen wir von zufälligen Stimmungen abstrahieren. Wir müssen versuchen, ihn so neutral wie möglich zu sehen. Ob Morgen- oder Abendstimmung, Mittagslicht oder Dämmerung, Hitze oder Hagelsturm, wir tun so, als gäbe es irgendwo hinter der Fassade von Licht und Wetter den immer gleichen Garten. Um wissenschaftliche Erkenntnisse zu ermöglichen, gilt es, dieses abstrakte Biotop zu erfassen, die allgemeinen Gesetze hinter dem lebendigen und einzigartigen Garten. Diese «So tun, als ob es eine nüchterne und abstrakte Welt gäbe»-Methode ist uns so in Fleisch und Blut übergegangen, dass wir glauben, sie sei die einzige Möglichkeit, um der Realität auf die Schliche zu kommen. Die wahre Wirklichkeit – so denken wir – hat keine persönliche Note, sie hat allgemeinen Charakter und muss für alle gleich aussehen. Sie verhält sich still und wartet darauf, entdeckt zu werden. Der ganz besondere Garten ist lediglich eine spezielle Ausprägung der allgemeinen Prinzipien, die der Wirklichkeit zugrunde liegen. Um sie entdecken zu können, muss man sich allerdings besondere Fähigkeiten erworben haben. «Ein Allerweltsverstand, wie ich ihn habe, reicht dafür nicht aus!», lautet einer der Glaubenssätze, die uns davon abhalten, unsere eigenen Fähigkeiten des Denkens zu kultivieren.

Der Kreativitätsforscher George Land hat von 1968 bis 1978 in einer Langzeitstudie die kreativen Denkfähigkeiten von Kindern untersucht. Dafür nutzte er einen Kreativitätstest, der damals auch von der NASA eingesetzt wurde, um innovative Ingenieure und Wissenschaftler ausfindig zu machen. Er wollte anhand einfacher Fragen herausfinden, wie viele unterschiedliche Antworten Kinder verschiedener Altersstufen auf einfache Fragen finden konnten. Auf die Frage ‹Wozu kann man eine Büroklammer benutzen?› findet ein Erwachsener im Durchschnitt 10–15 Antworten. Mehr als hundert Antworten wären herausragend. Von 1500 getesteten Kindergartenkindern erreichten 98 % dieses Level. Als dieselben Kinder 10 Jahre alt waren und den Test wiederholten, waren es noch 32 %, fünf Jahre später noch 12 %. Von 280 000 getesteten Erwachsenen erreichten nur 2 % dieses Ergebnis.[1]

Die Bewertungs- und Auswahlmechanismen des Schulsystems spielen bei dieser drastischen Reduktion der Fähigkeit zum kreativen Denken eine entscheidende Rolle. Wenn uns zehn Jahre lang in der Schule vermittelt wurde, dass es auf jede Frage genau eine Antwort gibt und dass der Lehrer die Lösung kennt, hat das Auswirkungen, erläutert der britische Autor und international gefragte Berater Sir Ken Robinson die Studie zur Entwicklung des kreativen Denkens.[2]

Wenn Sie nach der Lektüre dieses Buches den «Richtig-oder-falsch»-Mythos überwunden haben, haben Sie also bereits viel geleistet. Wenn Sie darüber hinaus nicht mehr glauben, dass die Realität nur *ein* mögliches Gesicht hat und dass sie immer an einem windstillen Tag bei mittlerer Temperatur um 12 Uhr mittags stattfindet – bei besten Lichtverhältnissen versteht sich –, sind Sie gut vorbereitet. Es fehlt nur noch ein winziger Schritt, bis Sie sich tatsächlich wieder zugestehen, Ihre eigene Wahrnehmung zu allen Tages- und Jahreszeiten ernst zu nehmen und Ihre eigenen Wege der Erkenntnis zu verfolgen.

Um Ihnen diesen Schritt zu erleichtern, will ich Sie zum Schluss zu einer weiteren kleinen Übung ermutigen.

Ergründen Sie Ihre eigene Art des Denkens und Erkennens. Denn wir alle können ins Offene denken und kreative Lösungen für Probleme entwickeln.

Die meisten Menschen gelangen im Laufe ihres Lebens hin und wieder zu Erkenntnissen, die ihre Lebensqualität verbessern. Sie finden heraus, welcher Beruf zu ihnen passt, wie sie sich am leichtesten Wissen aneignen, wie sie eine Liebesbeziehung gestalten können, wie man Streit unter Kindern schlichtet oder den idealen Käsekuchen backt. Und manchmal gibt es auch diese besonderen Augenblicke, in denen wir etwas, worüber wir lange nachgedacht haben, einfach «wissen». Jeder von uns kennt solche «Aha-Erlebnisse» der kleinen und größeren Art. Sie versetzen uns kurz in Erstaunen und werden dann schnell in den Fluss des Alltags integriert. Wenn wir uns die Zeit nehmen, sie zu ergründen, können wir etwas über unsere ganz persönlichen Erkenntniswege herausfinden, und es fällt uns in Zukunft leichter, uns darauf zu verlassen.

Deshalb noch eine Aufgabe für all jene, die gerne handeln wollen: Versuchen Sie herauszufinden, mit welchen Mitteln und Methoden, an welchen Orten und in welcher Atmosphäre Sie zu den wichtigen Erkenntnissen Ihres Lebens gelangt sind. Nehmen Sie sich etwas Zeit und schreiben stichwortartig auf, was Ihnen in den Sinn kommt.

Suchen Sie zuerst nach einer Erkenntnis, die für Sie Bedeutung hatte. Wenn Sie gleich mehrere finden, umso besser. Wie kam sie zustande? Im Sitzen oder beim Gehen? Im Bett oder am Schreibtisch? Aus Büchern oder von Menschen gelernt? Allein oder im Gespräch mit anderen? Haben Sie bewusst darüber nachgedacht oder kam es eher plötzlich? Falls Sie nachgedacht haben: Konnten Sie besser nachdenken, wenn Ihnen jemand zugehört hat? Hat das Thema Ihre Kreativität entfacht? Wenn es einen Augenblick gab, in dem Sie sich über eine Entscheidung oder auch die Lösung eines Problems «ganz sicher» waren, was hat Ihnen diese Sicherheit gegeben? Gab es Gefühlszustände oder Körperempfindungen, die Ihre Erkenntnisse begleitet haben? Wenn Sie die eine oder andere dieser Fragen beantwortet haben, suchen Sie nach einer weiteren Erkenntnis und ergründen, wie sie zustande kam. Diesen Vorgang sollten Sie so oft wiederholen, bis Sie ein Gefühl für Ihre eigene Art des Erkennens bekommen. Das muss sich natürlich nicht sofort einstellen. Was sich aber sofort einstellen sollte, ist die Sicherheit, dass Sie bereits hin und wieder durch Ihre ganz persönliche Art zu denken etwas zur Lösung von Problemen beizutragen hatten. Sei es beruflich, bei Ihren Hobbys, in der Familie oder bei wichtigen Lebensentscheidungen. Wenn Sie Ihre und unsere Zukunft mitgestalten wollen, dann können Sie damit weiterarbeiten. Denn Ihre ganz persönliche Erkenntnisfähigkeit bildet die Grundlage für jede Ihrer Handlungen.

Danke!

- All jenen Lehrerinnen und Lehrern, Denkerinnen und Denkern, die hier nicht namentlich genannt werden, mich aber dennoch inspiriert haben, dieses Buch zu schreiben. Die meisten meiner Gedanken sind schon durch viele Köpfe gewandert. Im Rahmen dieses Buches wäre es nicht möglich gewesen, sie zu ihren Ursprüngen zurückzuverfolgen. Meine Aufgabe bestand vor allem darin, für diese Ideen eine verständliche und zeitgemäße Form zu finden.
- Bernd Gottwald und Bernd Jost vom Rowohlt Verlag für die engagierte Begleitung der Neuausgabe.
- Dem Oneness Center Verlag für sein Vertrauen, die liebevolle Kommunikation und die tatkräftige Unterstützung des Projekts «anders denken lernen».
- Franziska Espinoza für gedankliche Inspiration, wichtige Anregungen zur Gliederung und die beste Schokolade der Welt.
- Felix Eickemeyer für physikalischen Rat in Tachyonengeschwindigkeit.
- Ulrich Schnabel für seine Offenheit und natürlich dafür, dass er Niels Bohr gerettet hat.
- Nana Rademacher und Patrick Blank fürs Testlesen und

Nachfragen, für kluge Verbesserungsvorschläge, psychologischen und kulinarischen Beistand, den steten Praxistest des Denkens und den unerschütterlichen Humor. (Geht's noch, Schätzchen?)

– Und schließlich Sebastian Müller für seine Gelassenheit, den Optimismus, sichtbare und unsichtbare Hilfe und die Bereitschaft, mir rund um die Uhr zuzuhören.

Anmerkungen

1 Grundbegriffe verstehen

1 **Gudrun Schwarzer:** Visuelle Wahrnehmung, in: Schneider/Sodian (Hrsg.), Enzyklopädie der Psychologie, Bd. 2, Kognitive Entwicklung, Göttingen u. a., 2006.
2 **Marius von Senden:** Die Raumauffassung bei Blindgeborenen vor und nach der Operation, Inaugural-Dissertation, Kiel, 1931.

2 Kollektive Gedankenformen erkennen

1 **Joseph Weizenbaum:** Wir gegen die Gier, in: Süddeutsche Zeitung vom 8. 1. 2008, S. 13.
2 **R. Pogge:** The toxic placebo, in Med Times, 91/1963, S. 773 – 778.
3 **R. v. Bredow:** Homöopathie., in GEO, Heft 6/1997, S. 44 – 56.
4 **Werner Heisenberg:** Der Teil und das Ganze, München, 1969, S. 102/103.
5 Zitiert nach **Lincoln Barnett** in: The Universe and Dr. Einstein, New York, 1948, S. 22.
6 **Werner Heisenberg:** Der Teil und das Ganze, S. 114.

3 Strukturen des Denkens ändern

1 **Fritz Albert Popp:** Die Botschaft der Nahrung, Frankfurt am Main, 1999.

4 Ein stimmiges Weltbild finden

1 Vgl. **Werner Heisenberg:** Der Teil und das Ganze, S. 147.
2 **Werner Heisenberg:** Der Teil und das Ganze, S. 325/326.
3 **P. C. W. Davies/J. R. Brown:** (Hrsg.) Jürgen Koch, (Übers.): Der Geist im Atom, Basel u. a., 1988, S. 109.
4 Vgl. **P. C. W. Davies/J. R. Brown:** Der Geist im Atom, S. 168 ff.
5 Vgl. **P. C. W. Davies/J. R. Brown:** Der Geist im Atom, S. 152.
6 Vgl. **Anton Zeilinger:** Einsteins Schleier. Die neue Welt der Quantenphysik, München, 2005, S. 229.
7 Vgl. **Shimon Malin:** Dr. Bertlmanns Socken, Leipzig, 2003, S. 137.

6 Eine lebendige Sprache sprechen

1 Zitiert nach **Johann Wolfgang von Goethe**: Hamburger Ausgabe in 14 Bänden, 14. Aufl. 1989, Bd. 1, S. 142.

7 Wirklichkeit umfassender verstehen

1 **Edwin A. Abbott:** Flächenland, Hrsg. und übers. von Peter Buck. Bad Salzdetfurth, 1990.

8 Das Geheimnis der Ideen schätzen lernen

1 Zitiert nach **Jun Ishiwara**: Bericht über Einsteins Gastvortrag in Kyoto, 1922. In: Archive for History of Exact Sciences, Band 36, Nr. 3, 1986, S. 271–279.

9 Beweglicher denken

1 **Ap Dijksterhuis** (Universität Amsterdam) et al.: Science, Bd. 311, S. 1005.
2 **Richard Anschütz:** August Kekulé, Band 1, Leben und Wirken, Verlag Chemie, Berlin 1929, S. 658.
3 Vgl. **August Kekulé:** Rede vom 11. März 1890 anlässlich des 25. Jahrestages der Entdeckung des Benzols. In: Berichte der Deutschen Chemischen Gesellschaft, Jahrgang 23, **P. Jacobson** u. a. (Red.), Berlin, 1890, S. 1302.
4 Die Ergebnisse der Untersuchung werden vorgestellt in: **Frank Ruthenbeck:** Intuition als Entscheidungsgrundlage in komplexen Situationen, Münster, 2004.

11 Was tun?

1 **George Land und Beth Jerman:** Breaking Point and Beyond, San Francisco, Harper Business, 1993.
2 Nachzuhören unter: **Sir Ken Robinson:** RSA Animate-Changing Education Paradigms, http://www.youtube.com, 7. 12. 2010.

B. 173

Weiterführende Literatur

Neben den im Text zitierten Werken möchte ich auf einige Internetseiten und Bücher hinweisen, die zum Weiterdenken anregen. Alle Internetseiten werden fortwährend aktualisiert. Sie bieten Informationen, Inspirationen und geben zahlreiche Beispiele, wie ein neues Weltbild den Alltag verändern kann. Aus der Fülle der populärwissenschaftlichen Quantenliteratur habe ich nur wenige Titel herausgegriffen, die für wissenschaftliche Laien besonders gut lesbar sind. Denn vergessen Sie nicht: Es geht nicht darum, sich neues Wissen anzueignen, es geht darum, bewusster wahrzunehmen und beweglicher zu denken!

Internet

www.changex.de
ChangeX ist ein Online-Magazin für Wandel in Wirtschaft und Gesellschaft. Es stellt regelmäßig Menschen, Projekte und Bücher vor, die den Wandel in Wirtschaft und Gesellschaft konstruktiv begleiten und gestalten. Kostenloses Probelesen möglich.

www.globalonenessproject.org

Das Global Oneness Project erforscht und dokumentiert, wie Menschen, Projekte und Netzwerke für den Gedanken der Einheit der Welt Verantwortung übernehmen. Zahlreiche Interviews und Kurzfilme zeigen, wie Einzelne und Gruppen auf der ganzen Welt die Prinzipien der sozialen und ökologischen Nachhaltigkeit in ihren Alltag integrieren: einfach, praktisch und nachahmenswert. Eine Inspiration für alle, die dem Entstehen einer gerechteren Welt eine Chance geben. Alle Filme können kostenlos angesehen und heruntergeladen werden, einige haben deutsche Untertitel.

www.globalmarshallplan.org

Die Global Marshall Plan Initiative wurde 2003 von Vertreterinnen und Vertretern aus Wissenschaft, Politik, Medien, Kultur, Wirtschaft und NGOs gegründet, die gemeinsam einen Beitrag gegen die immer bedrohlicher werdende Schieflage in der Entwicklung der Menschheit leisten wollten. Die Initiative ist unabhängig, überparteilich, interkulturell und interkonfessionell. Sie versucht Kräfte zu bündeln und Bewusstsein für die notwendigen Änderungen zu schaffen.

www.Nachdenkseiten.de

Die Nachdenkseiten werten die Berichterstattung zahlreicher Medien kompetent aus und stellen Links, Artikel und Kommentare kostenlos zur Verfügung. Sie helfen bei der kritischen Auseinandersetzung mit den wesentlichen politischen, wirtschaftlichen, gesellschaftlichen und sozialen Themen unserer Zeit, decken Ungereimtheiten und Manipulationen auf, liefern Hintergrundinformationen und regen zum Nachdenken an.

www.oneness-center.ch

Das Oneness Center möchte Menschen darin unterstützen, die Vielschichtigkeit und Verbundenheit des Lebens bewusster wahrzunehmen. Es fördert das Entstehen eines Bewusstseins der Einheit. Gemeint ist ein Bewusstsein, das nicht die Gegensätze betont, sondern die gegenseitige Verbundenheit, das nicht zwischen Geist und Materie, zwischen Innen und Außen trennt, sondern verbindet. Das Oneness Center bietet Seminare, Vorträge und Gelegenheit zum Dialog an. Es will mit seinen Aktivitäten dazu beitragen, dass wir den tiefgreifenden Veränderungen unserer Zeit mit Aufmerksamkeit und Neugierde begegnen und lernen, kreative, zukunftsorientierte Möglichkeiten in unseren Alltag zu bringen.

www.terranetwork.org

Das Terra One World Network fördert innovative Projekte in den Bereichen Bildung, Energie, Frauen, Gesundheit, Kinder, Kleinkredite und Wasser. Auch dieses Netzwerk unterstützt das Entstehen des Bewusstseins, dass unsere Welt nicht teilbar ist, und bietet die Möglichkeit der aktiven Mitarbeit.

www.anders-denken.org

Hier finden Sie aktuelle Informationen zum Thema **anders denken lernen**.

Literatur

Audretsch, Jürgen: *Die sonderbare Welt der Quanten. Eine Einführung,* München 2008.

Wer sich tiefer auf den Dialog zwischen Physik und Geisteswissenschaften einlassen möchte, bekommt hier die physikalischen Grundlagen dafür vermittelt. Für all jene geeignet, die ihr Verständnis der physikalischen Theorien erweitern wollen. Anspruchsvoll, aber klar strukturiert und für Laien mit einer Vorliebe für Naturwissenschaften geeignet. Keine Unterhaltungslektüre.

Brockmann, John (Hrsg.): *Welche Idee wird alles verändern? Die führenden Wissenschaftler unserer Zeit über Entdeckungen, die unsere Zukunft verändern werden,* Frankfurt a. M. 2010.

Welche wissenschaftlichen Entdeckungen oder technischen Entwicklungen stehen unmittelbar bevor? Mit welchen Gefahren sollten wir uns auseinandersetzen? Wissenschaftler und Künstler erklären in kurzen verständlichen Essays, wie sie sich die entscheidenden Ideen der Zukunft vorstellen: Vom Laptop-Quantencomputer über die Synchronisation von Gehirnen bis hin zur Wiederentdeckung der Weisheit. Vom Weltgehirn bis zum Mitgefühl. Die Gedankensammlung zeigt, wie unterschiedlich die Zukunftsvisionen der Wissenschaftler sind. Wunderbare Anregungen, um darüber nachzudenken, wie *wir* uns unsere Zukunft wünschen. Mit Beiträgen u. a. von Richard Dawkins, Ernst Pöppel, Thomas Metzinger, Anton Zeilinger, Eric Kandel und Lisa Randall.

Davies, P. C. W./Brown, J. R. (Hrsg.), Koch, Jürgen (Übers.): *Der Geist im Atom: eine Diskussion der Geheimnisse der Quantenphysik*, Basel, Boston, Berlin 1988.

Eine wunderbare Sammlung von Interviews mit verschiedenen Quantenphysikern, die ihre Theorien allgemein verständlich erläutern. Die Interviews wurden ursprünglich im Rundfunk gesendet (BBC), für dieses Buch hat man ihnen eine Einführung in wesentliche Aspekte der Quantenphysik vorangestellt.

Dürr, Hans-Peter: *Warum es ums Ganze geht: Neues Denken für eine Welt im Umbruch*, München 2009.

Der inzwischen über 80-jährige Quantenphysiker und Träger des alternativen Nobelpreises lässt uns an seinen Gedanken zu Naturwissenschaft, Ökologie, Politik, gesellschaftlicher Entwicklung und Religion teilhaben. Er entwickelt die Vision einer friedlichen Zukunft und erläutert sein Verständnis der Realität als Einheit. Der optimistische Appell des leidenschaftlichen Wissenschaftlers an die Zivilgesellschaft. Auch ohne physikalische Vorbildung gut lesbar.

Dürr, H.-P./Popp, F.-A./Schommers, W. (Hrsg.): *Elemente des Lebens: Naturwissenschaftliche Zugänge – Philosophische Positionen*, Kusterdingen 2000.

Was ist Materie? Was ist Leben? Welche Erkenntnismöglichkeiten hat die Physik? Renommierte Forscher geben tiefgründige Antworten auf bislang ungeklärte Fragen. Ihre Gedanken und Beobachtungen zeigen, dass die konventionellen Thesen der Naturwissenschaften das Phänomen des Lebens nicht erfassen können.

Fischer, Ernst Peter: *Die Hintertreppe zum Quantensprung. Die Erforschung der kleinsten Teilchen – von Max Planck bis Anton Zeilinger,* München 2010.

Was genau ist eigentlich ein Quantensprung? Ernst Peter Fischer erklärt, warum es diese Sprünge gleichzeitig gibt und doch nicht gibt und wie sie unser Verständnis von Materie und Realität verändern. Er vermittelt die Theorien der Quantenphysik, indem er uns die Lebensgeschichten ihrer Forscher nahebringt: ihre Entdeckungen, ihre Probleme, ihre Liebesgeschichten, ihr Temperament und ihre Streitigkeiten. Sie erfahren, wie diese Forscher die erschütternde Erkenntnis verarbeiteten, dass es gerade die Lücken der Wirklichkeit sind, die dafür sorgen, dass die Welt stabil bleibt. Unterhaltsamer und zugleich tiefsinniger Einblick in die Forschungsgeschichte.

Heisenberg, Werner: *Der Teil und das Ganze,* München 1969.

Der Quantenphysiker und Nobelpreisträger schildert, wie sich in vielen Gesprächen mit anderen Physikern (z. B. Nils Bohr, Albert Einstein oder Max Planck) sein Verhältnis von Physik und Natur entwickelte. Der Frage nach der Verantwortung der Wissenschaft kommt dabei besondere Bedeutung zu. Zur Sprache kommen erkenntnistheoretische, wissenschaftshistorische, ethische und politische Fragen. Auch das Verhältnis von moderner Physik und Religion wird beleuchtet.

Hey, T./Walters, P.: *Das Quantenuniversum,* Heidelberg 1998.

Dieses Buch ragt aus der Fülle der populärwissenschaftlichen Quantenliteratur heraus, weil es amüsant und flüssig geschrieben ist, viele hilfreiche Abbildungen enthält und immer wieder Bezüge zum Alltag herstellt. Einige Passagen sind allerdings ohne physikalische Vorkenntnisse schwer verständlich. Falls Sie darüber hinwegsehen können und aus naturwissenschaftlicher Perspektive noch mehr über die Quantenphänomene erfahren wollen, sei dieses Buch empfohlen.

Kumar, Manjit: *Quanten: Einstein, Bohr und die große Debatte über das Wesen der Wirklichkeit*, Berlin 2009.

Dieses Buch zeigt, wie die Entdeckung der Quantenphysik das Leben der beteiligten Physiker durcheinanderbrachte, wie nüchterne Naturwissenschaftler hitzige Debatten über das Wesen der Wirklichkeit führten und wie im Kampf um die Deutungshoheit über die Realität nicht nur physikalische Glaubenssätze, sondern auch Freundschaften zerbrachen. Für alle, die noch besser verstehen wollen, wie die Quantenphysik unser Weltbild erschüttert. Als Erstlektüre zum Thema Quantenphysik ungeeignet.

Malin, Shimon: *Dr. Bertlmanns Socken. Wie die Quantenphysik unser Weltbild verändert*, Leipzig 2003.

Shimon Malin bietet eine gelungene Einführung in die Quantenphysik. Darüber hinaus zeigt er Parallelen zur Gedankenwelt klassischer und zeitgenössischer Philosophen auf. Was Quantenphysik und Philosophie verbindet, sei vor allem der Gedanke der Einheit von Geist und Materie – so Malin. Wer also wissen möchte, was Plotin und Heisenberg gemeinsam haben, sollte dieses Buch lesen.

Schrödinger, Erwin: *Mein Leben, meine Weltansicht*, München 2006.

Ein kleines autobiographisches Büchlein, das die wichtigsten Begegnungen, Ereignisse und Gedanken im Leben des großen Physikers zusammenfasst. Mit einem schönen Exkurs über die Einheit des Bewusstseins.

Wilber, Ken (Hrsg.): *Quantum Questions*, Boston, London 1985.

Eine Sammlung von Aussagen berühmter Physiker, die belegt, dass einige der einflussreichsten Wissenschaftler der Moderne die Welt nicht nur als physischen, sondern auch als geistigen Organismus verstanden. Dieses Buch wurde leider nie ins Deutsche übersetzt.

Zajonc, Arthur: *Die gemeinsame Geschichte von Licht und Bewusstsein*, Hamburg 1997.

Eine Reise durch die Geschichte der Naturwissenschaften anhand der Frage nach der geheimnisvollen Natur des Lichts. Ein Buch, das in der Lage ist, physikalische und philosophische Denkmodelle in Einklang zu bringen.

Zeilinger, Anton: *Einsteins Spuk. Teleportation und weitere Mysterien der Quantenphysik*, München 2005.

Gut aufgebaute und verständliche Einführung in viele Quantenphänomene. Cartoons, fiktive Dialoge und vor allem der warmherzige und humorvolle Stil Anton Zeilingers machen das Buch zu einer angenehmen Lektüre. Der österreichische Physiker vermittelt nicht nur seine Deutung der Quantenereignisse, sondern auch seine Faszination und Leidenschaft. Wer mehr über das Thema «Quantenteleportation» erfahren möchte, bekommt hier die Gelegenheit. Vor allem für naturwissenschaftlich orientierte Laien geeignet.

zur Lippe, Rudolf: *Das Denken zum Tanzen bringen. Philosophie des Wandels und der Bewegung,* Freiburg 2010.

Tiefgründige philosophische Analyse von Alltagsphänomenen, die Beziehung und Wandel als Grundstrukturen der Realität sichtbar werden lassen und so das Denken in Bewegung bringen. Erhellende Lektüre für all jene, die im philosophischen Denken schon etwas Übung haben. Anspruchsvoll, aber lohnenswert.

Robert Wolff
Das Lächeln der Senoi
Was es bedeutet, ein Mensch zu sein

Oneness Center Publishing, Bern
www.oneness-center.ch; info@oneness-center.ch
erhältlich ab Herbst 2011

Da lächelte er dieses Lächeln, das so liebevoll-strahlend war, dass es fast schmerzte, und das ich mit diesem Volk verband – wir, die Zivilisierten, kennen kein solches Lächeln mehr.

Sie überlegte lange. "Ja, das Wissen und die Weisheit der alten Völker ist fast ganz ausgelöscht worden…doch" – und nun schaute sie mir direkt in die Augen und ihre Stimme wurde kräftig und bestimmt – „ ….doch, das ist nicht die ganze Wahrheit. Zu allen Zeiten gab es Menschen, die wissen. Wenn wir es am Allerdringendsten benötigen, werden wir uns des ursprünglichen Wissens erinnern."

Das alte Volk der Senoi lebt ein überaus einfaches und stilles Leben im Bergdschungel von Malaysia. Keine Uhren, keine Telefone, keine Fahrzeuge. Sie nennen sich Menschen – Senoi – und verstehen sich als Teil aller Dinge, verbunden mit der Erde und allem, was existiert. Sie respektieren die Stille und leben in der Freude des gegenwärtigen Augenblicks.

Der Psychologe Robert Wolff ist bei den Ureinwohnern Indonesiens aufgewachsen und hat während seines Lebens Urvölker in vielen Gegenden kennengelernt. Neugierig und bescheiden taucht er in die Welt der Senoi ein. Nach und nach lernt er sie besser kennen und damit auch sich selbst und das, was es bedeutet, ein Mensch zu sein.

Seine Geschichten sind viel mehr als nur der Bericht über ein verdrängtes Volk. Sie sind ein Spiegel für uns und unsere Lebensweise und fordern uns heraus, in der fragmentierten Welt von heute unsere Menschlichkeit und das Verbundensein mit der ganzen Schöpfung wieder neu zu entdecken.

Ein berührendes Zeugnis, das Hoffnung schenkt.